流暢的 C
設計原則、實踐和模式

Fluent C
Principles, Practices, and Patterns

Christopher Preschern　著

陳仁和　譯

O'REILLY®

目錄

第二部分　模式案例

前言

閱讀本書可讓你的程式設計技能更上一層樓。因為你一定會從本書提供的實務知識中受益，所以這還不賴。若你有豐富的 C 程式設計經驗，將從書裡學到優質設計決策的細節及其優缺點。若你是 C 程式設計的新鮮人，將從書中獲得設計決策的相關指引，理解這些決策如何被逐步運用到示例中，進而建置大型程式。

本書解決某些問題，譬如：如何對 C 程式結構化、如何做錯誤處理、如何設計有彈性的介面。當你對 C 程式設計有進一步了解時，往往會乍現一些問題，例如：

- 應該回傳程式碼的錯誤資訊嗎？

- 應該使用全域變數 errno 作業嗎？

- 應該實作少量的「多參數的函式」，還是多個「少量參數的函式」呢？

- 要如何建置有彈性的介面呢？

- 要如何建置像迭代器這樣的基本項目呢？

就物件導向的語言來說，Erich Gamma、Richard Helm、Ralph Johnson、John Vlissides 在《*Design Patterns: Elements of Reusable Object-Oriented Software*》（Prentice Hall，1997）這本四人幫（Gang of Four）書中已解答上述的大部分問題。設計模式為程式設計師提供以下議題的最佳做法：物件應該如何互動，以及哪個物件擁有另外哪些種類的物件。此外，設計模式也會解釋如何將這些物件按分類湊在一起。

然而，針對像 C 這樣的程序式程式語言來說，這些設計模式大部分都無法用四人幫所描述的方式實作。C 中並無原生的物件導向機制。可用 C 程式語言模擬繼承或多型，不過因為這樣的模擬會讓慣用 C 的程式設計師（但不常以像 C++ 這樣的物件導向程式語言編程，以及運用如繼承與多型之類的概念者）感到陌生，所以這可能不是首選。這類程式設計師可能執意採取他們慣用的 C 程式設計原生風格。然而，對於 C 程式設計的原生風格而言，並非所有物件導向設計模式的指引都適用，或者至少不會特別為非物件導向的程式語言，提供設計模式中所呈現之概念的具體實作。

而這就是本書的立意：我們希望以 C 編程，但無法直接利用現有設計模式中記載的大部分知識。本書說明如何彌補這個落差，並實作 C 程式語言的實務設計知識。

本書的撰寫動機

讓我來告訴你，為什麼本書蒐集的知識對我而言相當重要，為什麼難以發現這些知識。

在學校裡，我所學的第一個程式語言是 C 語言。就像每位 C 程式設計的新鮮人一樣，我想知道為什麼陣列的索引從 0 開始，以及最初相當隨意地嘗試怎樣擺放 *、& 運算元，最終才能讓 C 指標神奇的運作。

大學時我學到 C 語法的實際運作方式，以及將其轉成硬體上的位元和位元組。有了這些知識，我就能寫出結果相當不錯的小程式。然而，我仍然難以理解為什麼較長的程式碼看起來是那樣，當然也提不出類似以下的解決方案：

```c
typedef struct INTERNAL_DRIVER_STRUCT* DRIVER_HANDLE;
typedef void (*DriverSend_FP)(char byte);
typedef char (*DriverReceive_FP)();
typedef void (*DriverIOCTL_FP)(int ioctl, void* context);

struct DriverFunctions
{
  DriverSend_FP fpSend;
  DriverReceive_FP fpReceive;
  DriverIOCTL_FP fpIOCTL;
};

DRIVER_HANDLE driverCreate(void* initArg, struct DriverFunctions f);
void driverDestroy(DRIVER_HANDLE h);
void sendByte(DRIVER_HANDLE h, char byte);
char receiveByte(DRIVER_HANDLE h);
void driverIOCTL(DRIVER_HANDLE h, int ioctl, void* context);
```

檢視上述程式碼而產生下列的諸多問題：

- 為何在 struct 中有函式指標？

- 為何函式需要 DRIVER_HANDLE？

- IOCTL 是什麼，為什麼不改用個別的函式實作？

- 為何要明確地建立和銷毀函式？

當我開始編寫工業應用程式時，這些問題就出現了。經常遇到的情況是，我體認到自己沒有 C 程式設計知識，例如，決定如何實作迭代器或如何進行函式中的錯誤處理。我發覺，雖然知道 C 語法，但卻不知道如何應用之。我試著實現一些目標，但僅是以笨拙的方式完成，或者根本做不來。我需要如何使用 C 語言完成特定任務的最佳做法。例如，需要知道類似如下的內容：

- 如何用簡單方式獲取及釋放資源

- 使用 goto 做錯誤處理，是好主意嗎？

- 應該把介面設計得有彈性嗎？或應該在有需要時直接變更介面嗎？

- 應該使用 assert 述句，還是應該回傳錯誤碼？

- C 的迭代器是如何實作的？

讓我覺得非常有趣的是，雖然經驗資深的同事對這些問題有多種答案，但是沒有人可以幫我指引這些設計決策及其優缺點的記載內容。

因此，接著我轉向網際網路，然而又驚訝地發覺，即使 C 程式語言已存在幾十年，還是很難找到這些問題的合理解答。我發現，雖然有很多 C 程式語言基礎及其語法的相關文獻，但對於 C 程式設計進階主題，或者如何撰寫出適合工業應用的優美 C 程式，有著墨的文獻並不多。

而這正是本書出現的原因。本書教你如何提升程式設計技能，從編寫基礎的 C 程式轉而撰寫大型的 C 程式，其中會考量錯誤處理，並讓需求與設計中的某些未來變化具有彈性。本書採用設計模式的概念，為你逐步介紹設計決策及其優缺點。這些設計模式會運用於示例中，告訴你像範例起初那樣的程式碼是如何演變的，以及為何範例最終看起來是這副模樣。

本書的模式可運用於各個領域的 C 程式設計。由於我涉及的是多執行緒即時環境的嵌入式程式設計領域，因此某些模式會偏向該領域。無論如何，你會看到這些模式的一般概念可用在其他領域的 C 程式設計，甚至超越 C 程式設計的應用範疇。

模式基礎

本書以模式的形式提供設計指引。用模式呈現知識和最佳做法的概念，源自建築師 Christopher Alexander 的《*The Timeless Way of Building*》（Oxford University Press，1979）一書。他以歷經證實的小解決方案解決在他專業領域中的大問題：如何設計與建造城市。軟體開發領域採取模式運用的做法，在專門舉行的會議中，例如 Pattern Languages of Programs（PLoP）會議，得以擴展模式知識本體。尤其四人幫的《*Design Patterns: Elements of Reusable Object-Oriented Software*》（Prentice Hall，1997）一書帶來重大影響，讓設計模式的概念廣為軟體開發者所知。

但究竟什麼是模式呢？諸多定義不勝枚舉，若你對這個主題深感興趣，則 Frank Buschmann 等人所著的《*Pattern-Oriented Software Architecture: On Patterns and Pattern Languages*》（Wiley，2007）一書可以為你提供準確的描述和細節。就本書的目的而言，模式乃為實際的問題提供歷經證實的解決方案。本書模式的章節呈現如表 P-1 所示的結構。

表 P-1　本書模式的分節呈現方式

小節標題	小節內容
模式	此為模式的名稱（你應該能輕鬆記住）。目的是讓該名稱能被程式設計師用於日常用語中（如同使用四人幫的模式一般，你會聽到程式設計師說：「用 Abstract Factory 建立該物件」）。本書的模式名稱是大寫的。
情境	情境小節會設置該模式的情景。告訴你在何種情況下可以運用此模式。
問題	問題小節提供你要處理的議題相關資訊。首段以粗體字描寫主要問題的陳述，隨後的段落描述難以解決該問題的原因細節。就其他的模式格式來說，這些原因細節會被安排在名為「作用力」（force）的單獨一節中。
解決方案	本節就如何處理問題而提供指引。首段以粗體字撰寫解決方案的主要概念，隨後的段落則為解決方案的細節。另外還有一個範例程式，提供相當具體的指引。
結果	本節列出所述解決方案的運用優缺點。運用模式時，你應該一直確認作業所生的結果是沒有問題的。
已知應用	已知應用小節為你提供證據，證明所提出的解決方案是不錯的，是在實際應用程式中確實有效的。其中還會呈現具體的範例，協助你了解如何運用模式。

以模式的形式呈現設計指引，其主要好處是這些模式可一個接著一個的被套用。若你有一個大型設計問題，很難找到一個指引文件及一個解決方案能處理這個問題，則可以將這個大型而相當特定的問題，視為多個小型而較為一般的問題，你可以一個接著一個的運用多個模式，逐一解決這些問題。你只要確認這些模式的問題描述，並運用適合的模式（該模式可符合你的問題，能產生合你意的結果）。這些結果可能會導致另一個問題，而你可以套用另一個模式解決該問題。這樣就會逐步設計出你的程式碼，而不是在寫第一行程式碼之前，就得試著提出完整的前期設計。

本書的閱讀方式

你應該已經具備 C 程式設計的基礎。知道 C 語法及其運作方式——例如，本書不會教你何謂指標或如何用指標。本書旨在提供進階主題的建議與指引。

書中各章獨立。你可以按任意順序閱讀各章，可以僅挑選感興趣的主題。下一節會列出本書所有模式的概觀，你可以透過該節的概述內容跳至感興趣的模式章節。所以，若你確切地知道要找的是什麼，就可以從該節開始閱讀。

若你不是要尋找某個特定模式，而是想得知 C 程式可能的設計抉擇概觀，則可以閱讀本書的第一部分。每一章都有特定的主題，從基本的主題（譬如錯誤處理和記憶體管理）開始，接著轉到進階的特定主題（例如介面設計或與平台無關的程式碼）。每一章會介紹與該章主題相關的模式，以及每一章會有一個示例，用於說明如何逐一運用這些模式。

本書第二部分介紹兩個大型案例，其中會運用第一部分的諸多模式。就此，你可以了解如何透過模式的應用，逐步建置大型軟體。

模式概觀

你可以從表 P-2 ～表 P-10 找到本書所有模式的概述。這些表格以簡短形式呈現模式內容，其中只包含問題一節的核心（首段）內容，接著是關鍵字「因此」，最後是解決方案一節的核心（首段）內容等簡述。

表 P-2　錯誤處理的模式

模式	摘要
「Function Split」（第 6 頁）	此函式有多個職責，讓人難以閱讀與維護。因此，將該函式分解。取出其中看似有用的部分，為這些內容建立新函式，並呼叫此新函式。
「Guard Clause」（第 9 頁）	因為該函式將前置條件檢查與主程式邏輯混在一起，所以會不好閱讀與維護。因此，檢查是否有強制的前置條件，若不符合這些前置條件，則此函式會立即回返。
「Samurai Principle」（第 12 頁）	在回傳錯誤資訊時，你假設呼叫者會檢查此資訊。然而，呼叫者可能完全忽略該檢查，而該錯誤也許就會被忽視。因此，無論結果成功與否，函式皆會回返。若有發生已知錯誤無法被處理的情況，則中止程式執行。
「Goto Error Handling」（第 16 頁）	若要在某函式內多處獲取與清理多個資源程式，則會造成難以閱讀與維護的程式碼。因此，將所有資源的清理與錯誤處理置於函式的結尾。若無法獲取某資源，則使用 goto 述句跳至資源清理的程式碼。
「Cleanup Record」（第 19 頁）	若某段程式碼會獲取並清理多個資源，而那些資源又相依時，則會讓人難以閱讀與維護該程式碼。因此，呼叫資源獲取函式，只要函式運作成功，就將其列為待清理的函式（儲存起來）。根據這些儲存值，呼叫對應的清理函式。
「Object-Based Error Handling」（第 22 頁）	一個函式負有多個職責（譬如資源獲取、資源清理與資源運用），其程式碼會讓人難以實作、閱讀、維護、測試。因此，將初始化與清理作業置於個別的函式中，類似於物件導向程式設計中建構式與解構式的概念。

表 P-3　回傳錯誤資訊的模式

模式	摘要
「Return Status Codes」（第 32 頁）	你想要有個機制，能夠將狀態資訊回傳給呼叫者，讓呼叫者可以對該狀態有所反應。你希望這個機制簡單好用，而呼叫者應該能夠明確區分可能發生的各種錯誤情況。因此，使用函式的 Return Value 回傳狀態資訊。以回傳的值表示特定狀態。被呼叫者與呼叫者雙方必須對值的含意有共同認知。
「Return Relevant Errors」（第 39 頁）	一方面，呼叫者應能對錯誤做出反應；另一方面，回傳的錯誤資訊越多，被呼叫者的程式碼與呼叫者的程式碼需要的錯誤處理就越多，如此會讓程式碼較為冗長。冗長程式碼的閱讀與維護並不容易，進而招致額外錯誤的風險。因此，若錯誤資訊和呼叫者相關的話，才將該錯誤資訊回傳給呼叫者。若呼叫者可以對這個資訊有所反應，即表示該錯誤資訊與呼叫者相關。

模式	摘要
「Special Return Values」 （第 45 頁）	你想要回傳錯誤資訊，但不想明確選用 Return Status Codes，理由是這表示你無法使用函式的 Return Value 回傳其他資料。你得透過 Out-Parameters 回傳該資料，不過如此會使得呼叫函式更加困難。因此，使用函式的 Return Value 回傳函式算出的資料。保留一個或多個特殊值，以供發生錯誤時對應回傳之用。
「Log Errors」 （第 49 頁）	你要確保在發生錯誤時可以輕易找出個中原因。可是不希望錯誤處理程式碼因而變得複雜。因此，使用不同管道提供相關的錯誤資訊（「與呼叫程式碼有關的」以及「與開發者有關的」）。例如，將除錯的錯誤資訊寫入記錄檔，而不會把除錯用的詳細錯誤資訊回傳給呼叫者。

表 P-4　記憶體管理的模式

模式	摘要
「Stack First」 （第 62 頁）	選擇變數儲存處的種類和記憶體區段（堆疊、堆積……），是每位程式計師得經常做的決定。若每個變數的所有利弊折衷，都必須仔細考量的話，那會讓人筋疲力盡。因此，預設的情況是直接將變數置於堆疊中，以取得堆疊變數的自動清理優勢。
「Eternal Memory」 （第 66 頁）	保留大量資料，而於函式的呼叫之間傳輸這些資料，並非易事，理由是你必須確保儲存資料的記憶體夠大，其生命期可以跨函式的呼叫而延續不絕。因此，將資料放在程式整個生命期間皆可供使用的記憶體中。
「Lazy Cleanup」 （第 69 頁）	若你需要大量記憶體，但事先不曉得所需的大小為何，則可用動態記憶體。然而，處理動態記憶體的清理作業很棘手，況且是許多程式設計錯誤的根源。因此，配置動態記憶體，讓作業系統於你的程式結束時執行該記憶體的釋放作業。
「Dedicated Ownership」 （第 73 頁）	動態記憶體的強大功能伴隨著必須妥善清理記憶體的重責大任。在大型程式中，難以確保能夠妥善清理所有的動態記憶體。因此，當你實作記憶體配置時，可以明確定義和記載待清理之處以及負責該作業的執行者。
「Allocation Wrapper」 （第 76 頁）	動態記憶體的配置並非每次都能成功，你應該檢查程式碼中的配置，如實因應。因為你的程式碼中有諸多之處要做這樣的檢查，所以不好處理。因此，包裝配置和釋放的函式呼叫，並於這些外包函式中實作錯誤處理或另外的記憶體管理組織。

模式	摘要
「Pointer Check」 （第 81 頁）	存取無效指標的程式設計錯誤會導致不受控制的程式行為，而這類錯誤的除錯不易。然而，因為你的程式碼通常會用到指標，所以很有可能招致此類的程式設計錯誤。因此，明確地讓未初始化或已釋放的指標失去效用，並在存取指標前一律檢查其有效性。
「Memory Pool」 （第 84 頁）	頻繁地配置與釋放堆積的物件會導致記憶體碎片化。因此，在程式的整個生命期中保留一大段記憶體。於執行期提取該記憶體集區的固定大小記憶塊，而非直接配置堆積中的新記憶體。

表 P-5　C 函式回傳資料的模式

模式	摘要
「Return Value」 （第 95 頁）	你要分解的函式部分並非彼此獨立。按程序式程式設計慣例，某部分提供的結果，是另一部分所需的。你要分解的函式部分需要共用某資料。因此，直接使用一個 C 語言機制提取函式呼叫所得結果的相關資訊：Return Value。C 語言的回傳資料機制會複製函式結果，並供給呼叫者，讓呼叫者可存取這個副本。
「Out-Parameters」 （第 99 頁）	C 只支援函式呼叫回傳單一型別，所以回傳多項資訊並不簡單。因此，以單一函式呼叫回傳所有資料的方法是，利用指標仿效「傳參考」引數。
「Aggregate Instance」 （第 103 頁）	C 只支援函式呼叫回傳單一型別，所以回傳多項資訊並不簡單。因此，將所有相關資料放入新定義的型別中。定義 Aggregate Instance，其中包含要共用的所有相關資料。於元件的介面中定義之，讓呼叫者可以直接存取放在該實體中的所有資料。
「Immutable Instance」 （第 108 頁）	你想要將元件中位於大量不可變資料裡的資訊，提供給呼叫者。因此，有個實體（例如：一個 struct），內含共用資料（位於靜態記憶體中）。將此資料提供給需要存取的使用者，並確保使用者無法變更該資料。
「Caller-Owned Buffer」 （第 111 頁）	你想要將大小已知的複雜資料或大型資料提供給呼叫者，而該資料並非不可變的（可於執行期變更）。因此，需要呼叫者提供緩衝區及其尺寸給被呼叫的函式（回傳大型、複雜資料的函式）。在函式實作中，若緩衝區大小足夠，可將所需的資料複製到緩衝區裡。
「Callee Allocates」 （第 116 頁）	你想要將大小未知的複雜資料或大型資料提供給呼叫者，而該資料並非不可變的（可於執行期變更）。因此，在被呼叫的函式（提供大型、複雜資料的函式）內，配置需求尺寸的緩衝區。將所需的資料複製到緩衝區，並回傳該緩衝區的指標。

表 P-6　資料生命期與擁有權的模式

模式	摘要
「Stateless Software-Module」（第 123 頁）	你想要提供邏輯相關的功能給呼叫者，力求呼叫者易於使用的功能。因此，簡單實作函式，內容不用狀態資訊。將相關函式全部放入一個標頭檔，並將該軟體模組的介面提供給呼叫者。
「Software-Module with Global State」（第 128 頁）	你想要讓邏輯相關的程式碼結構化，該程式碼需要共同的狀態資訊，並力求呼叫者易於使用的內容。因此，有一個全域實體可讓你的相關函式共用資源。將執行實體相關作業的全部函式，放入一個標頭檔中，並將該軟體模組介面提供給呼叫者。
「Caller-Owned Instance」（第 132 頁）	你想要以相依的函式為多個呼叫者或執行緒提供存取功能，而且呼叫者與你的函式互動會建置狀態資訊。因此，需要呼叫者傳遞實體（用於儲存資源和狀態資訊的實體）給你的函式。提供明確的函式，用於建立及銷毀這些實體，讓呼叫者可以決定實體的生命期。
「Shared Instance」（第 138 頁）	你想要以相依的函式為多個呼叫者或執行緒提供存取功能，而且呼叫者與你的函式互動會建置狀態資訊（呼叫者要共用的資訊）。因此，需要呼叫者傳遞實體（用於儲存資源和狀態資訊的實體）給你的函式。同一個實體供多個呼叫者使用，將該實體的擁有權留在你的軟體模組中。

表 P-7　有彈性的 API 模式

模式	摘要
「Header Files」（第 149 頁）	你想要實作的功能可供其他實作檔的程式碼存取，但你希望對呼叫者隱藏該功能的實作細節。因此，針對要提供給使用者的功能，你會將其函式宣告放在 API 中。而將內部函式、內部資料及函式定義（實作）隱藏在實作檔中，並不會把該實作檔提供給使用者。
「Handle」（第 152 頁）	你必須在函式實作中共用狀態資訊或處理共用資源，但你不希望呼叫者看到或存取所有狀態資訊和共用資源。因此，會有個函式用於建立供呼叫者作業的環境，並回傳該環境內部資料的抽象指標。呼叫者需要將該指標傳給你的所有功能函式，才可以使用內部資料儲存狀態資訊和資源。
「Dynamic Interface」（第 155 頁）	應該能呼叫稍有差異行為的實作，而不需要多加重複的程式碼，甚至連重複的控制邏輯實作與介面宣告也免了。因此，為你的 API 中有差異的功能定義共同介面，並要求呼叫者提供該功能的回呼函式，而在函式實作中呼叫該回呼函式。
「Function Control」（第 159 頁）	你想要呼叫稍有差異行為的實作，但不希望多加重複的程式碼，甚至連重複的控制邏輯實作或介面宣告也免了。因此，在你的函式中新增一個參數，用於傳遞與函式呼叫相關的元資訊，以及指定要執行的實際功能。

表 P-8　有彈性的迭代器介面模式

模式	摘要
「Index Access」 （第 168 頁）	你想要讓使用者能夠以便利的方式迭代處理資料結構裡的元素，並且應該可以變更資料結構的內部，而不會造成使用者程式碼跟著變更的情況。因此，提供一個函式並以一個索引參數指定基礎資料結構中的元素，以及回傳此元素的內容。使用者會在迴圈中呼叫此函式，迭代處理所有元素。
「Cursor Iterator」 （第 173 頁）	你想要為使用者提供迭代介面，在迭代作業期間發生元素變更的情況下，該介面依然穩健表現，讓你能夠在之後變更基礎資料結構時，不需要動到使用者的程式碼。因此，建立一個迭代器實體，用於索引基礎資料結構中的元素。迭代函式以此迭代器實體作為引數，提取迭代器目前所指的元素，並調整該迭代實體指到下一個元素。而使用者反覆呼叫這個函式，一次提取一個元素。
「Callback Iterator」 （第 177 頁）	你想要提供一個穩健的迭代介面，不需要使用者在程式碼中實作迴圈，迭代處理所有元素，而且可讓你在之後變更基礎資料結構時，不會動到使用者的程式碼。因此，使用現存的資料結構特定作業，於你的實作中遍歷所有元素，並在此迭代作業期間針對每個元素呼叫給定的使用者函式。這個使用者函式會以此元素內容作為參數，而可以就該元素執行相關作業。使用者只呼叫一個函式觸發該迭代作業，而整個迭代作業會在你的實作中進行。

表 P-9　模組化程式檔案組織的模式

模式	摘要
「Include Guard」 （第 189 頁）	很容易多次引入同一個標頭檔，而若型別或某些巨集為其內容的一部分，則引入同一個標頭檔會導致編譯錯誤，即編譯期間，它們會被重新定義。因此，保護標頭檔的內容不會被多次引入，讓開發人員使用這些標頭檔時，就不用在意是否有多次引入的情況。使用互鎖的 `#ifdef` 述句或 `#pragma once` 述句達成所求。
「Software-Module Directories」 （第 192 頁）	將程式碼分成個別的檔案會增加程式庫的檔案數。將所有檔案置於一個目錄中，不容易掌握所有檔案的全局，尤其對於大型程式庫來說更是如此。因此，將屬於緊密耦合功能的標頭檔和實作檔放在同一個目錄中。依標頭檔所示的功能命名該目錄。
「Global Include Directory」 （第 197 頁）	為了引入其他軟體模組的檔案，你必須使用相對路徑，譬如 *../othersoftwaremodule/file.h*。你必須知道其他標頭檔的確切位置。因此，在程式庫中會有一個全域目錄，內含所有軟體模組 API。將此目錄新增至你工具鏈中全域的引入路徑。

模式	摘要
「Self-Contained Component」（第 202 頁）	從目錄結構中，無法得知程式碼的依賴關係。每個軟體模組可以直接引入其他軟體模組的標頭檔，所以無法透過編譯器檢查程式碼中的依賴關係。因此，辨認含有類似功能的軟體模組，並將它們一同部署。把這些軟體模組置於同一個目錄中，並為與呼叫者相關的標頭檔指定一個子目錄。
「API Copy」（第 208 頁）	你想要開發、改版及部署部分程式庫（獨立處理各個部分）。然而為此，你需要在程式碼各部分之間有明確定義的介面，以及將該程式碼分成個別儲存庫的能力。因此，為了使用另一個元件的功能，得複製其 API。個別建置另外元件，並複製建置構件及其公有標頭檔。將這些檔案放入元件內的一個目錄中，將該目錄設定為全域引入路徑。

表 P-10　脫離 #ifdef 地獄的模式

模式	摘要
「Avoid Variants」（第 222 頁）	針對每個平台使用個別的函式，會讓人難以閱讀與編寫這些程式碼。程式設計師需要初步了解、正確使用、測試這些函式（多個函式），才能實現跨多個平台的單一功能。因此，使用所有平台皆可行的標準化函式。若無標準化函式，就可以考慮不要實作該功能。
「Isolated Primitives」（第 226 頁）	以 #ifdef 述句組成的程式碼變體會讓程式碼變得不可讀。因為針對多個平台而多次實作，所以讓人難以理解該程式流程。因此，將你的程式碼變體獨立。在你的實作檔中，將處理變體的程式碼置於個別的函式中，並從主程式邏輯中呼叫這些函式，而主程式只有與平台無關的程式碼。
「Atomic Primitives」（第 229 頁）	內含變體並由主程式呼叫的函式，因為複雜的 #ifdef 程式碼全部都置於此函式中（才能在主程式中將其內容移除），所以依然讓人難以理解該函式。因此，將你的基本單元原子化。每個函式就只處理一種變體。若你處理多種變體（例如，作業系統變體和硬體變體），則每個變體都有個別處理的函式。
「Abstraction Layer」（第 233 頁）	你希望在程式庫多處使用處理平台變體的功能，但你不想要有該功能的重複程式碼。因此，為需要平台特定程式碼的每個功能提供 API。僅在標頭檔中定義與平台無關的函式，並將所有平台特定的 #ifdef 程式碼置於實作檔中。你的函式呼叫者只引入你的標頭檔，不必引入平台特定的檔案。
「Split Variant Implementations」（第 238 頁）	平台特定的實作依然有 #ifdef 述句，用於區分程式碼變體。因而難以知道與決定該為哪個平台建置哪部分的程式碼，將每個變體實作放入單獨實作檔中，並根據每個檔案內容選擇你想要為其對應平台編譯的內容。

本書編排慣例

本書使用下列編排慣例：

斜體字（*Italic*）

> 表示新術語、網址、電郵位址、檔名以及副檔名。中文以楷體表示。

粗體字（**bold**）

> 用於突顯每個模式所針對的問題及解決方案。

定寬字（`Constant width`）

> 用於程式示例，以及內文段落中提及的程式元素，譬如變數名稱或函式名稱、資料庫、資料型別、環境變數、述句、關鍵字。

 此圖示內容為一般註釋。

 此圖示內容為警告或提醒。

使用範例程式

本書的範例程式為簡短的程式碼片段，其著重的核心概念是模式的充分呈現及相關應用。為了簡單起見，這些程式碼省略部分內容（例如：引入檔），所以無法編譯這些片段。若你有興趣而想要取得可編譯的完整程式碼，可以從 GitHub 的 *https://github.com/christopher-preschern/fluent-c* 下載。

若你有技術問題或使用範例程式的疑問，請利用電子郵件詢問（寄至 *bookquestions@oreilly.com*）。

本書目的是為了幫助你完成相關的工作。一般來說，你可以把書中提供的範例程式，應用於自己工作相關的程式或文件中。除非你要將書中程式的重大內容重製，否則不需要與我們聯繫取得許可。例如：你編寫的程式有使用到書中的數個程式區塊，這樣是不用要求我們授權。至於散布或販賣 O'Reilly 出版書籍中的範例程式，則需要取得授權許可。你可以自由引用本書內容或藉由本書範例程式解決問題，但若要將書中大量的範例程式放到自己的產品文件裡，請事先取得授權同意。

當然你在引用書中內容時，若可以註明來源出處（但並不一定要這樣做），我們深表感激。例如，註明的格式可以是：「*Fluent C* by Christopher Preschern (O'Reilly). Copyright 2023 Christopher Preschern, 978-1-492-09733-4.」，其中包含書名、作者、出版商與 ISBN 等資訊。

若你覺得自己在示例程式的運用上不屬於合理使用或超出許可範圍，請隨時透過 *permissions@oreilly.com* 與我們聯絡。

本書的模式皆有介紹其相關應用的現成範例程式。以下列出本書參考的這些範例：

- 電玩 NetHack（*https://oreil.ly/nzO5W*）
- OpenWrt Project（*https://oreil.ly/qeppo*）
- OpenSSL 函式庫（*https://oreil.ly/zzsMO*）
- Wireshark 網路監聽工具（*https://oreil.ly/M55B5*）
- Portland Pattern 儲存庫（*https://oreil.ly/wkZzb*）
- Git 版本控制系統（*https://https://oreil.ly/7F9Oz*）
- Apache Portable Runtime（*https://oreil.ly/ysaM6*）
- Apache Webserver（*https://oreil.ly/W6SMn*）
- B&R Automation Runtime 作業系統（B&R 工業自動化有限公司專有未公開的程式碼）
- B&R Visual Components 自動化系統的視覺化編輯器（B&R 工業自動化有限公司專有未公開的程式碼）
- NetDRMS 資料管理系統（*https://oreil.ly/eR0EV*）
- MATLAB 程式設計與數值運算平台（*https://oreil.ly/UpvJK*）
- GLib 函式庫（*https://oreil.ly/QoUwT*）
- GoAccess web 即時分析工具（*https://oreil.ly/L1Eij*）
- Cloudy 物理計算軟體（*https://https://oreil.ly/phLBb*）
- GNU Compiler Collection（GCC）（*https://oreil.ly/KK4jY*）

- MySQL 資料庫系統（*https://oreil.ly/YKXxs*）

- Android ION 記憶體管理工具（*https://oreil.ly/2JV7h*）

- Windows API（*https://oreil.ly/nnzyX*）

- Apple 的 Cocoa API（*https://oreil.ly/sQuaI*）

- VxWorks 即時作業系統（*https://oreil.ly/UMUaj*）

- sam 文字編輯器（*https://oreil.ly/k3SQI*）

- C 標準函式庫的函式：glibc 實作（*https://oreil.ly/9Qr95*）

- Subversion 專案（*https://oreil.ly/sg9sz*）

- Netdata 即時效能監視及視覺化系統（*https://oreil.ly/1sDZz*）

- Nmap 網路工具（*https://oreil.ly/8Yz5R*）

- OpenZFS 檔案系統（*https://oreil.ly/VWeQL*）

- RIOT 作業系統（*https://oreil.ly/LhZM4*）

- Radare 逆向工程框架（*https://oreil.ly/TUYfh*）

- Education First 數位學習產品（*https://www.ef.com*）

- VIM 文字編輯器（*https://github.com/vim/vim*）

- GNUplot 繪圖工具（*https://oreil.ly/PlQPj*）

- SQLite 資料庫引擎（*https://oreil.ly/5Knfz*）

- gzip 資料壓縮程式（*https://oreil.ly/it40Z*）

- lighttpd web 伺服器（*https://github.com/lighttpd*）

- U-Boot 啟動載入程式（*https://oreil.ly/IKVYV*）

- Smpl 離散事件模擬系統（*https://oreil.ly/NJnCH*）

- Nokia 的 Maemo 平台（*https://oreil.ly/RwDtt*）

致謝

我要感謝我的妻子 Silke（她現在甚至知道什麼是模式 :-) ），還有我的女兒 Ylvi。她們讓我的生活更加愉快，兩人都確保我不會老是坐在電腦前拼命工作，而讓我得以享受生活。

若沒有多位模式愛好者的幫助，本書就不會誕生。我要感謝在 European Conference on Pattern Languages of Programs 裡 Writers' Workshops 的參與者，為我提供模式相關的回饋。我尤其要感謝以下人員，他們在該會議的引導過程中向我提出非常有用的意見：Jari Rauhamäki、Tobias Rauter、Andrea Höller、James Coplien、Uwe Zdun、Thomas Raser、Eden Burton、Claudius Link、Valentino Vranić、Sumit Kalra。也要特別感謝我的同事，尤其是 Thomas Havlovec，他確保在我模式中的 C 程式設計細節能正確無誤。而 Robert Hanmer、Michael Weiss、David Griffiths、Thomas Krug 花了很多時間審閱本書，為我補充本書的改進想法——非常感謝他們！另外要感謝 O'Reilly 的整個團隊，對於本書能夠付梓，他們幫了我許多。我特別要感謝我的策劃編輯 Corbin Collins 以及製作編輯 Jonathon Owen。

本書的內容以下列的論文為基礎，這些是被 European Conference on Pattern Languages of Programs 所接受並由 ACM 出版的論文。這些論文可以透過 *http://www.preschern.com* 網站免費取得。

- "A Pattern Story About C Programming," EuroPLoP '21: 26th European Conference on Pattern Languages of Programs, July 2015, article no. 53, 1–10, *https://dl.acm.org/doi/10.1145/3489449.3489978.*

- "Patterns for Organizing Files in Modular C Programs," EuroPLoP '20: Proceedings of the European Conference on Pattern Languages of Programs, July 2020, article no. 1, 1–15, *https://dl.acm.org/doi/10.1145/3424771.3424772.*

- "Patterns to Escape the #ifdef Hell," EuroPLop '19: Proceedings of the 24th European Conference on Pattern Languages of Programs, July 2019, article no. 2, 1–12, *https://dl.acm.org/doi/10.1145/3361149.3361151.*

- "Patterns for Returning Error Information in C," EuroPLop '19: Proceedings of the 24th European Conference on Pattern Languages of Programs, July 2019, article no. 3, 1–14, *https://dl.acm.org/doi/10.1145/3361149.3361152.*

- "Patterns for Returning Data from C Functions," EuroPLop '19: Proceedings of the 24th European Conference on Pattern Languages of Programs, July 2019, article no. 37, 1–13, *https://dl.acm.org/doi/10.1145/3361149.3361188.*

- "C Patterns on Data Lifetime and Ownership," EuroPLop '19: Proceedings of the 24th European Conference on Pattern Languages of Programs, July 2019, article no. 36, 1–13, *https://dl.acm.org/doi/10.1145/3361149.3361187.*

- "Patterns for C Iterator Interfaces," EuroPLoP '17: Proceedings of the 22nd European Conference on Pattern Languages of Programs, July 2017, article no. 8, 1–14, *https://dl.acm.org/doi/10.1145/3147704.3147714.*

- "API Patterns in C," EuroPlop '16: Proceedings of the 21st European Conference on Pattern Languages of Programs, July 2016, article no. 7, 1–11, *https://dl.acm.org/doi/10.1145/3011784.3011791.*

- "Idioms for Error Handling in C," EuroPLoP '15: Proceedings of the 20th European Conference on Pattern Languages of Programs, July 2015, article no. 53, 1–10, *https://dl.acm.org/doi/10.1145/2855321.2855377.*

C 模式

模式（pattern）能讓你的生活更輕鬆，其可擔負原本必須由你自行處理的每個設計決策。模式為你詮釋歷經證實的解決方案，本書的第一部分涵蓋這些經過證實的解決方案，以及應用這些解決方案時產生的結果。其中每章皆會著重 C 程式設計的某個特定主題，介紹該主題的模式，並以一個示例說明這些模式的相關運用。

第一章

錯誤處理

錯誤處理（error handling）是編寫軟體的重要環節，若處理不當，軟體就會變得難以擴展和維護。像 C++、Java 這樣的程式語言提供「異常情況」（exception）、「解構式」（destructor），以利錯誤處理。C 語言並無類似的機制，而針對 C 語言錯誤處理的妥善做法，其相關文獻資料散落在網際網路各處。

本章基於 C 的錯誤處理模式，集結妥善錯誤處理的知識，以及用一個示例呈現這些模式的運用。這些模式具有妥善做法的設計決策，並詳細說明應用時機與其賦予的結果。就程式設計師而言，這些模式可減少許多細膩決策的負擔。而程式設計師能以這些模式中所呈現的知識，作為寫出優質程式碼的出發點。

圖 1-1 概略呈現本章探討的模式以及這些模式彼此的關係，而表 1-1 列出這些模式的摘要。

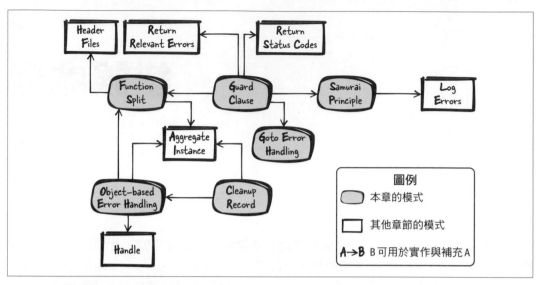

圖 1-1　錯誤處理的模式概觀

表 1-1　錯誤處理的模式

模式	摘要
Function Split	此函式有多個職責,讓人難以閱讀與維護。因此,將該函式分解。取出其中看似有用的部分,為這些內容建立新函式,並呼叫此新函式。
Guard Clause	因為該函式將前置條件檢查與主程式邏輯混在一起,所以會不好閱讀與維護。因此,檢查是否有強制的前置條件,若不符合這些前置條件,則此函式會立即回返。
Samurai Principle	在回傳錯誤資訊時,你假設呼叫者(caller)會檢查此資訊。然而,呼叫者可能完全忽略該檢查,而該錯誤也許就會被忽視。因此,無論結果成功與否,函式皆會回返。若有發生已知錯誤無法被處理的情況,則中止程式執行。
Goto Error Handling	若要在某函式內多處獲取與清理多個資源程式,則會造成難以閱讀與維護的程式碼。因此,將所有資源的清理與錯誤處理置於函式的結尾。若無法獲取某資源,則使用 goto 述句跳至資源清理的程式碼。
Cleanup Record	若某段程式碼會獲取並清理多個資源,而那些資源又相依時,則會讓人難以閱讀與維護該程式碼。因此,呼叫資源獲取函式,只要函式運作成功,就將其列為待清理的函式(儲存起來)。根據這些儲存值,呼叫對應的清理函式。
Object-Based Error Handling	一個函式負有多個職責(譬如資源獲取、資源清理與資源運用),其程式碼會讓人難以實作、閱讀、維護、測試。因此,將初始化(initialization)與清理作業置於個別的函式中,類似於物件導向(object oriented)程式設計中建構式與解構式的概念。

示例

你想要實作一個函式，以剖析檔案的特定關鍵字，回傳這些關鍵字所在的相關資訊。

就指出錯誤情況而言，C 語言的標準做法是，以函式回傳值表示此資訊。為了提供另外的錯誤資訊，傳統的 C 函式通常將 errno 變數（請參閱 *errno.h*）設為特定的錯誤碼。而呼叫者可以檢查 errno，得知該錯誤的相關資訊。

不過，以下的程式碼不需要詳細錯誤資訊，因此只需使用回傳值（不用 errno）。你可以從下列的程式碼初始片段開始實作：

```c
int parseFile(char* file_name)
{
  int return_value = ERROR;
  FILE* file_pointer = 0;
  char* buffer = 0;

  if(file_name!=NULL)
  {
    if(file_pointer=fopen(file_name, "r"))
    {
      if(buffer=malloc(BUFFER_SIZE))
      {
        /* 剖析檔案內容 */
        return_value = NO_KEYWORD_FOUND;
        while(fgets(buffer, BUFFER_SIZE, file_pointer)!=NULL)
        {
          if(strcmp("KEYWORD_ONE\n", buffer)==0)
          {
            return_value = KEYWORD_ONE_FOUND_FIRST;
            break;
          }
          if(strcmp("KEYWORD_TWO\n", buffer)==0)
          {
            return_value = KEYWORD_TWO_FOUND_FIRST;
            break;
          }
        }
        free(buffer);
      }
      fclose(file_pointer);
    }
  }
  return return_value;
}
```

在上述程式碼中，你必須檢查各個函式呼叫的回傳值，確認是否有錯誤發生，因此終究會在程式碼中用深層的巢狀 if 述句。進而出現下列的問題：

- 此示例函式把錯誤處理、初始化、資源清理、主功能等程式碼混在一塊，而顯得冗長。如此將造成難以維護的程式碼。

- 讀取和解譯檔案資料的主程式碼位在深層的巢狀 if 述句中，因而難以理解其中的程式邏輯。

- 清理作業的函式與初始化作業的函式相距甚遠，因此容易忘記某些清理作業。若此示例函式有多個 return 述句，特別容易發生這個問題。

若要得到較好的結果，首先要用 Function Split。

Function Split

情境

你有個函式會執行多個動作。例如：配置資源、使用資源、清理資源——如動態記憶體（dynamic memory）或檔案的 handle 等資源。

問題

此函式有多個職責，讓人難以閱讀與維護。

這樣的函式可能會負責配置資源、處理資源以及清理資源。其中的清理作業甚至會分散在此函式各處，而且有些地方還會重複作業。尤其對於資源配置失敗的錯誤處理，將造就難以閱讀的函式，往往最終會出現巢狀的 if 述句。

以一個函式處理多個資源的配置、清理、運用，很容易忘了某資源的清理，尤其是在之後有程式碼變更的情況下。例如，若程式碼中間加入一個 return 述句，則往往會忘記清理函式中該述句之前已配置的資源。

解決方案

將該函式分解。取出其中看似有用的部分，為這些內容建立新函式，並呼叫此新函式。

要找出函式可獨立的部分,只需檢查是否可以為這些內容指定有意義的名稱,以及是否可以分出獨立的職責。例如,這樣的做法可能的結果是:一個函式只有功能程式碼,另一個函式僅有錯誤處理程式碼。

某函式是否要被分解,有個不錯的參考依據:有無在該函式的多處清理同一個資源。若有的話,最好將程式碼拆成兩個函式,一個用於配置和清理資源,另一個則會使用這些資源。而(用到這些資源的)被呼叫的函式可以直接具有多個 return 述句,無須在每個 return 述句之前清理資源,清理作業乃是另一個函式所為的。如下列程式碼所示:

```
void someFunction()
{
  char* buffer = malloc(LARGE_SIZE);
  if(buffer)
  {
    mainFunctionality(buffer);
  }
  free(buffer);
}

void mainFunctionality()
{
  // 主功能實作處
}
```

此時會有兩個函式(呼叫的函式與被呼叫的函式),而非原來的一個。當然,如此表示此呼叫的函式不再是自立的,而會依賴另一個函式。你必須定義另一個函式的擺放之處。第一步是將另一個函式與此呼叫的函式直接放在同一個檔案中,不過若兩個函式並非緊密耦合(closely coupled),則可以考慮將該被呼叫的函式置於單獨的實作檔中,並引入該(被呼叫的)函式的 Header File 宣告。

結果

因為相較於一個冗長的函式來說,兩個簡短函式更容易閱讀、維護,所以你對原程式碼做了改良。例如,因為清理作業函式更接近需要清理的函式,以及資源配置和清理作業沒有與主程式邏輯混在一起,所以程式碼易於閱讀。如此讓主程式邏輯更好維護,以及對往後的功能擴充更加容易。

此時被呼叫的函式,因為不必在每個 return 述句之前負責資源的清理,所以可以輕易加入多個 return 述句。清理作業乃由呼叫的函式單獨完成。

若被呼叫的函式用了許多資源，則必須另外將這些資源傳給該函式。函式的參數量過多會衍生出不易閱讀的程式碼，而在呼叫該函式時不小心將參數順序調換可能會造成程式設計錯誤。為了避免這種情況，就此你可以採用 Aggregate Instance。

已知應用

下列是此模式的應用範例：

- 幾乎所有 C 程式皆包含「運用此模式的部分」以及「未用此模式的部分」，因此難以維護。根據 Robert C. Martin 所著的《*Clean Code: A Handbook of Agile Software Craftsmanship*》（Prentice Hall，2008）書籍內容，每個函式應該只有一個職責，即單一職責原則（single-responsibility principle），因此資源處理和其他程式邏輯應一律以個別函式實作。

- Portland Pattern Repository 中將此模式稱為 Function Wrapper。

- 物件導向程式設計的 Template Method 模式也有將內容分解，以讓程式碼結構化的方法描述。

- Martin Fowler 在《*Refactoring: Improving the Design of Existing Code*》（Addison-Wesley，1999）一書中以 Extract Method 模式描述函式分解所在與分解時機的準則。

- 電玩 NetHack 將該模式用於其 `read_config_file` 函式中，該函式會處理資源以及呼叫 `parse_conf_file` 函式運用這些資源。

- OpenWrt 程式會針對緩衝區（buffer）處理，於多處使用此模式。例如，負責 MD5 計算的程式碼會配置緩衝區，將該緩衝區傳給另一個函式以供處置，再清理這個緩衝區。

運用於示例中

你的程式看起來已好很多了。目前有兩個各司其職的大函式（而非原本的一個龐大函式）。其中一個函式負責獲取與釋放資源，另一個函式負責搜尋關鍵字，如下列程式碼所示：

```
int searchFileForKeywords(char* buffer, FILE* file_pointer)
{
  while(fgets(buffer, BUFFER_SIZE, file_pointer)!=NULL)
  {
    if(strcmp("KEYWORD_ONE\n", buffer)==0)
    {
      return KEYWORD_ONE_FOUND_FIRST;
```

```
        }
        if(strcmp("KEYWORD_TWO\n", buffer)==0)
        {
          return KEYWORD_TWO_FOUND_FIRST;
        }
      }
      return NO_KEYWORD_FOUND;
    }

    int parseFile(char* file_name)
    {
      int return_value = ERROR;
      FILE* file_pointer = 0;
      char* buffer = 0;

      if(file_name!=NULL)
      {
        if(file_pointer=fopen(file_name, "r"))
        {
          if(buffer=malloc(BUFFER_SIZE))
          {
            return_value = searchFileForKeywords(buffer, file_pointer);
            free(buffer);
          }
          fclose(file_pointer);
        }
      }
      return return_value;
    }
```

if 串接（cascade）的深度降低，而 parseFile 函式仍有三個 if 述句用於確認資源配置是否有誤，此數量也不算少。你可以實作 Guard Clause，讓該函式無瑕。

Guard Clause

情境

你有個函式用於執行：僅在特定條件下（例如有效的輸入參數）才能成功完成的任務。

問題

因為該函式將前置條件檢查與主程式邏輯混在一起，所以會不好閱讀與維護。

配置的資源最後都要被清理。若你配置某資源，後來發現未符合函式的另一個前置條件，則也得清理該資源。

若函式裡遍布多個前置條件檢查（尤其是這些檢查內容以巢狀的 if 述句實作時），則會令人難以理解該程式流程。當多處都有這樣的檢查時，函式會變得非常冗長，而這本身就是一種程式碼壞味道（code smell）。

程式碼壞味道

若程式碼結構不佳或程式設計方式造成不好維護的程式碼，則代表程式碼「有壞味道」。程式碼壞味道的例子是相當冗長的函式或重複的程式碼。Martin Fowler 在《*Refactoring: Improving the Design of Existing Code*》（Addison-Wesley，1999）一書中對於程式碼壞味道的範例與對策，提及更多的內容。

解決方案

檢查是否有強制的前置條件，若不符合這些前置條件，則此函式會立即回返。

例如，檢查輸入參數是否有效，或確認程式是否為可執行該函式其餘內容的狀態。你可仔細想想，呼叫函式時要設立哪些前置條件。一方面，若你容許的函式輸入相當嚴格，這可讓你較容易實作函式內容，而另一方面，若你對可能的輸入較為寬鬆，則如此會讓函式的呼叫者較為輕鬆（如 Postel 定律所述：「對自己所做的要保守，對他人提供的要開放」）。

若你有許多前置條件的檢查，則可以呼叫單獨的函式執行這些檢查。無論如何，在所有資源配置完成前，先做這些檢查，由於該函式不用清理資源，所以可直接回返。

在函式介面中清楚描述函式的前置條件。記載該行為的最佳之處是在函式宣告的標頭檔中。

若呼叫者必須知道不符合的前置條件為何，則你可以提供錯誤資訊給呼叫者。例如，可以用 Return Status Codes，不過務必只用 Return Relevant Errors 即可。下列是未回傳錯誤資訊的範例程式：

someFile.h

```
/* 此函式會處理「user_input」，其內容不能是 NULL */
void someFunction(char* user_input);
```

someFile.c

```
void someFunction(char* user_input)
{
  if(user_input == NULL)
  {
    return;
  }
  operateOnData(user_input);
}
```

結果

相較於巢狀的 `if` 構件，當不符合前置條件時立即回返的做法，使得程式碼較好閱讀。程式碼清楚表明，若不符合前置條件，則該函式不會繼續執行。如此讓前置條件與其他程式碼完全分開。

然而，某些編程準則嚴禁於函式中間回返。例如，對於必須形式化驗證的程式碼而言，通常只允許在函式的結尾有 `return` 述句。若你想要有個錯誤處理集中處，就此可用 Cleanup Record 處置，這也是比較好的選擇。

已知應用

下列是此模式的應用範例：

- Portland Pattern Repository 有描述 Guard Clause。

- Klaus Renzel 在〈Error Detection〉（EuroPLoP 第二屆會議論文集，1997）一文中描述相當類似的模式——Error Detection，其中建議採用前置條件與後置條件的檢查。

- 電玩 NetHack 在程式多處使用此模式，例如：在 `placebc` 函式中，為 NetHack 主角加上一條鎖鏈，拖慢移動速度作為懲罰。若無可用的鎖鏈物件，則此函式會立即回返。

- OpenSSL 程式使用這個模式。例如，`SSL_new` 函式針對無效的輸入參數會立即回返。

- Wireshark 的 `capture_stats` 程式碼，負責在監聽網路封包時收集統計資料，首先檢查其輸入參數是否有效，並在參數無效時立即回返。

運用於示例中

下列的程式碼是 parseFile 函式運用 Guard Clause 檢查該函式的前置條件：

```
int parseFile(char* file_name)
{
  int return_value = ERROR;
  FILE* file_pointer = 0;
  char* buffer = 0;

  if(file_name==NULL) ❶
  {
    return ERROR;
  }
  if(file_pointer=fopen(file_name, "r"))
  {
    if(buffer=malloc(BUFFER_SIZE))
    {
      return_value = searchFileForKeywords(buffer, file_pointer);
      free(buffer);
    }
    fclose(file_pointer);
  }
  return return_value;
}
```

❶ 若提供的參數內容無效，函式將立即回返，而此時因為尚未獲取任何資源，所以不需要清理資源。

此程式以 Return Status Codes 實作 Guard Clause。其中對於 NULL 參數這種特殊情況，會回傳常數 ERROR。呼叫者此時可以檢查 Return Value，確認是否對該函式提供無效的 NULL 參數。不過這種無效參數通常被視為程式設計錯誤，而檢查程式設計錯誤，並於程式碼中傳播此資訊，並非好的做法。就此較簡單的方法是僅運用 Samurai Principle。

Samurai Principle

情境

你的某些程式內有複雜的錯誤處理（其中一些錯誤是很嚴重的）。你的系統並未執行安全關鍵作業，也無高度可用性的需求。

問題

在回傳錯誤資訊時，你假設呼叫者會檢查此資訊。然而，呼叫者可能完全忽略該檢查，而該錯誤也許就會被忽視。

在 C 語言中，並無強制要求檢查被呼叫的函式的回傳值，而呼叫者可能完全忽略該函式的回傳值。若在函式中發生的錯誤，其嚴重程度無法由呼叫者妥善處理，則你不會希望呼叫者決定是否處理錯誤以及如何處理錯誤。你反而會想要確保明確採取了某個動作。

就算呼叫者處理某錯誤情況，往往程式依然會當掉，或者仍會出錯。該錯誤可能只在某處出現——可能是呼叫者的呼叫程式碼中（可能在無法妥善處理錯誤情況之際）。就此，處理該錯誤時會掩蓋這個錯誤，而讓除錯（找出問題根源）更難。

程式的某些錯誤可能較少出現。針對此種情況用 Return Status Codes，而於呼叫者的程式碼中處理，如此會讓該程式碼的可讀性降低，主程式邏輯會失焦以及干擾呼叫者程式碼的實際功能。呼叫者為處理極少發生的錯誤情況，可能必須編寫多行程式碼。

回傳此類錯誤資訊也會造成如何確切回傳資訊的問題。函式中使用 Return Value 或 Out-Parameters 回傳錯誤資訊，將讓函式的簽名式（signature）變得更加複雜，而讓人難以理解該程式碼。就此而言，你不會想要針對只回傳錯誤資訊的函式添加另外的參數。

解決方案

無論結果成功與否，函式皆會回返（Samurai Principle）。若有發生已知錯誤無法被處理的情況，則中止程式執行。

不要使用 Out-Parameters 或 Return Value 回傳錯誤資訊。錯誤資訊的所有內容在此，所以可以立即處理錯誤。若發生錯誤，直接讓程式當掉。使用 assert 述句，以結構化方式中止程式執行。此外，還可以使用 assert 述句提供除錯資訊，如下列程式碼所示：

```
void someFunction()
{
  assert(checkPreconditions() && "Preconditions are not met");
  mainFunctionality();
}
```

此段程式碼會檢查 assert 述句中的條件，其結果若不為真（true），則 assert 述句連帶右邊的字串，會顯示在 stderr，並中止程式執行。在不檢查 NULL 指標以及存取這樣的指標之下，以不太結構化的方式中止程式執行，這是可行的。只要確保程式在發生錯誤之處會當掉即可。

通常，Guard Clauses 是錯誤發生時中止程式執行的不錯選項。例如，若你知道發生了編程錯誤（如呼叫者提供 NULL 指標），則中止程式執行，記錄除錯資訊（而非將錯誤資訊回傳給呼叫者）。然而，不要因為每種錯誤皆中止程式執行。例如，使用者輸入無效內容這類的的執行期（runtime）錯誤，當然不該讓程式中止執行。

呼叫者必須清楚知道你的函式行為，因此你必須在函式的 API 中記載：此函式會在什麼情況中止該程式的執行。例如，若提供給函式的參數為 NULL 指標，則函式描述文件必須說明程式是否會因此當掉。

當然，Samurai Principle 並非所有錯誤或所有應用領域皆適用。就某些未預期的使用者輸入情況而言，你不會想要讓程式當掉。然而，以程式設計錯誤來說，迅速呈現失敗而讓程式當掉，是貼切的做法。這讓程式設計師在找錯誤時輕而易舉。

不過，如此死當的做法不一定要對使用者呈現。若你的程式只是某個大型應用程式的非重要部分，則你可能還是想要讓你的程式以當掉處置。但是在整個應用程式的環境中，你的程式執行失敗時可以默默地表現，以免影響使用者或該應用程式的其餘部分。

 Release 版執行檔中的 assert

當使用 assert 述句時，要提出探討的是：僅於 debug（除錯）版執行檔中運作，或在 release（釋出）版執行檔中也可運作。在你的程式碼中引入 *assert.h* 之前定義 NDEBUG 巨集，或直接在你的工具鏈（toolchain）中定義該巨集，就可以取消 assert 述句的作用。停用 release 版執行檔的 assert 述句，其主要論點是：在測試 debug 版執行檔時，你已使用 assert 找到程式設計錯誤，因此，在 release 版執行檔中，不需要因 assert 而有中止程式執行的風險。在 release 版執行檔中還保有 assert 述句的主要論點是：你無論如何都以這些述句處理無法妥善處置的嚴重錯誤，而這些錯誤絕不應該被忽視，甚至客戶使用的 release 版執行檔中也是如此。

結果

因為該錯誤在發生之處即被處理,所以不會被忽視。呼叫者不必擔負檢查這個錯誤的責任,所以呼叫者的程式碼會顯得更加簡單。然而,呼叫者此時無法對該錯誤有所反應。

在某些情況下,中止應用程式執行是可行的,理由是迅速當掉總比之後發生不可預期的行為要好。不過,你必須考量應該如何將這樣的錯誤呈現給使用者。也許使用者在螢幕上看到時會將其視為中止的陳述。然而,對於使用感應器、控制器與環境互動的嵌入式應用程式來說,你必須更加小心,要考量中止程式執行時對環境的影響,以及結果是否能夠接受。在這樣的諸多情況下,應用程式可能要更為穩健,而直接中止應用程式的運作,並非是可行的做法。

要中止程式的執行,並在錯誤發生之處立即用 Log Errors,因為不掩飾錯誤,所以更容易找到錯誤並修正錯誤。因此,就長遠而論,應用這個模式,最終會造就穩健而無誤的軟體。

已知應用

下列是此模式的應用範例:

- 有個類似的模式——Assertion Context,該模式建議增加一個除錯資訊字串至 assert 述句中,Adam Tornhill 在《*Patterns in C*》(Leanpub,2014)一書中有論述該模式。

- Wireshark 網路監聽工具的整個程式皆有應用此模式。例如,register_capture_dissector 函式使用 assert 檢查解析器的註冊是否重複。

- Git 專案的原始碼使用 assert 述句。例如,儲存 SHA1 雜湊值的函式使用 assert,就儲存的雜湊值,檢查其所在的檔案路徑是否正確。

- 負責處理大數字的 OpenWrt 程式使用 assert 述句,檢查其函式中的前置條件。

- Pekka Alho 和 Jari Rauhamäki 在〈Patterns for Light-Weight Fault Tolerance and Decoupled Design in Distributed Control Systems〉(*https://oreil.ly/x0tQW*)一文中介紹類似的模式——Let It Crash。該模式聚焦於分散式控制系統,其中建議讓單獨失效安全的程序(single fail-safe process)當掉,再迅速重啟。

- C 標準函式庫的 strcpy 函式不會檢查使用者輸入是否有效。若你將 NULL 指標供給該函式,會是當掉的結果。

運用於示例中

parseFile 函式此刻看來好多了。目前是採用簡單的 assert 述句，而非回傳 Error Code。如此造就出下列較短的程式碼，而程式碼的呼叫者不會對 Return Value 有檢查之責：

```
int parseFile(char* file_name)
{
  int return_value = ERROR;
  FILE* file_pointer = 0;
  char* buffer = 0;

  assert(file_name!=NULL && "Invalid filename");
  if(file_pointer=fopen(file_name, "r"))
  {
    if(buffer=malloc(BUFFER_SIZE))
    {
      return_value = searchFileForKeywords(buffer, file_pointer);
      free(buffer);
    }
    fclose(file_pointer);
  }
  return return_value;
}
```

儘管已移除無須資源清理的 if 述句，不過該程式碼針對必須清理的內容仍有巢狀的 if 述句。此外，若 malloc 呼叫失敗，則目前尚未處理這樣的錯誤情況。上述的問題，可採用 Goto Error Handling 改善。

Goto Error Handling

情境

你有個函式用於獲取與清理多個資源。也許你已經試著運用 Guard Clause、Function Split、Samurai Principle 減少複雜度，不過程式碼中仍有深層的巢狀 if 構件，尤其在資源獲取之處。甚至可能會有資源清理之用的重複程式碼。

問題

若要在某函式內多處獲取與清理多個資源程式，則會造成難以閱讀與維護的程式碼。

這類程式碼因為每項資源的獲取可能失敗，而會變得難以處理，只要順利獲得資源，就可以呼叫對應的資源清理。為了達成所求，需要不少的 if 述句，若實作不佳，則在單一函式中的巢狀 if 述句會造成難以閱讀與維護的程式碼。

由於你必須清理資源，而在出問題之際，於函式中途回返並非好的做法。原因是在每個 return 述句之前必須清理已獲取的所有資源。因此，到頭來會在程式碼多處清理同一個資源，不過你不會想要程式碼出現重複的錯誤處理與清理內容。

解決方案

將所有資源的清理與錯誤處理置於函式的結尾。若無法獲取某資源，則使用 goto 述句跳至資源清理的程式碼。

按所需順序獲取資源，並於函式結尾依相反順序清理資源。對於資源清理，你可以用單獨的標籤對應每個要跳過去的清理函式。若發生錯誤或無法獲取資源，直接跳到對應標籤，但不要多次跳躍，如下列程式碼所示，跳躍僅能往前進：

```
void someFunction()
{
  if(!allocateResource1())
  {
    goto cleanup1;
  }
  if(!allocateResource2())
  {
    goto cleanup2;
  }
  mainFunctionality();
cleanup2:
  cleanupResource2();
cleanup1:
  cleanupResource1();
}
```

若你的編程標準禁用 goto 述句，則可以將程式碼用 do{ ... }while(0); 迴圈括起來（仿效 goto）。出錯時使用 break 跳到迴圈結束的錯誤處理所在。然而，因為你的編程標準不允許 goto，就不該在你自有的風格中僅為了持續編程而仿效，所以這種替代做法通常不是個好方法。你可用 Cleanup Record 作為 goto 的替代方案。

無論如何，用到 goto 可能就表示你的函式已過於複雜，分解該函式（例如使用 Object-Based Error Handling）也許是更好的做法。

goto 的好與壞？

goto 的使用是好是壞，有諸多論述。反對使用 goto 的文章中，最有名的是 Edsger W. Dijkstra 所寫的（*https://oreil.ly/yXkyq*），他認為 goto 讓程式流程不明確。若 goto 可在整個程式中跳來跳去，那確實不妥，不過 C 語言的 goto 不能像 Dijkstra 所述的程式語言那樣被嚴重濫用（C 語言的 goto 僅能在單獨的函式內跳躍）。

結果

該函式為單處回返，主程式流程與錯誤處理、資源清理完全分開。不再需要巢狀的 if 述句達成所求，但並非每人皆熟悉與偏愛閱讀 goto 述句。

因為我們很容易就把 goto 用於錯誤處理、清理之外各處，如此必然會讓程式碼難以閱讀，所以若要使用 goto 述句，必須格外小心。另外必須謹慎，才能讓正確的標籤對應正確的清理函式。誤將清理函式搭配不對的標籤，這是常見的隱患。

已知應用

下列是此模式的應用範例：

- Linux 核心程式碼大多使用 goto 式的錯誤處理。例如，Alessandro Rubini 與 Jonathan Corbet 在《*Linux Device Drivers*》（O'Reilly，2001） 一書中（*https://oreil.ly/linux-device-drivers*）描述 Linux 驅動程式設計所用的 goto 式錯誤處理。

- Robert C. Seacord 在《*The CERT C Coding Standard*》（Addison-Wesley Professional，2014）一書中建議錯誤處理可以採用 goto。

- Portland Pattern Repository 有描述如何使用 do-while 迴圈仿效 goto，此稱為 Trivial Do-While-Loop 模式。

- OpenSSL 程式碼使用 goto 述句。例如，處理 X509 憑證的函式使用 goto，前進跳至錯誤處理集中常式。

- Wireshark 程式碼會使用 goto 述句，從 main 函式跳至該函式結尾的錯誤處理集中常式。

運用於示例中

儘管有不少人相當不贊成使用 goto 述句，但是相較於前面的範例程式，goto 述句用於錯誤處理的效果還不錯。下列程式碼中，沒有巢狀的 if 述句，清理程式碼與主程式流程兩者完全分開：

```
int parseFile(char* file_name)
{
  int return_value = ERROR;
  FILE* file_pointer = 0;
  char* buffer = 0;

  assert(file_name!=NULL && "Invalid filename");
  if(!(file_pointer=fopen(file_name, "r")))
  {
    goto error_fileopen;
  }
  if(!(buffer=malloc(BUFFER_SIZE)))
  {
    goto error_malloc;
  }
  return_value = searchFileForKeywords(buffer, file_pointer);
  free(buffer);
error_malloc:
  fclose(file_pointer);
error_fileopen:
  return return_value;
}
```

此時，假設你不喜歡 goto 述句或你的編程準則禁用該述句，但仍然需要清理資源。那麼還有其他選擇。例如，可以直接改用 Cleanup Record。

Cleanup Record

情境

你有個函式用於獲取並清理多個資源。也許你已試著運用 Guard Clause、Function Split、Samurai Principle 降低複雜度，不過因為資源獲取的原故，程式碼依然使用深層巢狀的 if 構件。對於資源清理，甚至可能有重複的程式碼。你的編程標準不允許實作 Goto Error Handling，或者你不想使用 goto。

問題

若某段程式碼會獲取並清理多個資源，而那些資源又相依時，則會讓人難以閱讀與維護該程式碼。

棘手的原因是通常每個資源的獲取可能會失敗，只要順利獲取資源，就可以直接呼叫每個資源的清理作業。為了實作所求，需要大量的 if 述句，若做得不好，在單一函式出現的巢狀 if 述句會造成難以閱讀與維護的程式碼。

由於你必須清理資源，而在出問題之際，於函式中途回返並非好的做法。原因是在每個 return 述句之前必須清理已獲取的所有資源。因此，到頭來會在程式碼多處清理同一個資源，不過你不會想要程式碼出現重複的錯誤處理與清理內容。

解決方案

呼叫資源獲取函式，只要函式運作成功，就將其列為待清理的函式（儲存起來）。根據這些儲存值，呼叫對應的清理函式。

C 語言中 if 述句的延遲求值（lazy evaluation）可達成所求。只要在單一 if 述句內呼叫一連串的函式（而且這些函式皆能成功執行）即可。針對每個函式呼叫，將獲取的資源儲存在變數中。在 if 述句的本體中，有運用該資源的程式碼，而僅有在資源已成功取得的情況下，才於 if 述句之後，進行資源的完整清理。下列為上述內容的範例程式：

```
void someFunction()
{
  if((r1=allocateResource1()) && (r2=allocateResource2()))
  {
    mainFunctionality();
  }
  if(r1) ❶
  {
    cleanupResource1();
  }
  if(r2) ❶
  {
    cleanupResource2();
  }
}
```

❶ 若要讓程式碼更容易閱讀，你也可以將這些檢查擺在清理函式裡。若不管如何你都要對清理函式提供資源變數，則這不失為一個好的做法。

結果

此時，不再出現巢狀的 `if` 述句，而函式結尾集中處仍然有資源清理的內容。如此讓程式碼更容易閱讀，因為主程式流程不再與錯誤處理混淆。

此外，因為該函式只有單一結束回返處，所以容易閱讀。然而，你必須用許多變數記錄已順利配置的資源，如此會讓程式碼較為複雜。也許 Aggregate Instance 可以協助讓資源變數結構化。

若有多個資源被取得，則會在單一 `if` 述句中呼叫多個函式。這會讓該 `if` 述句變得相當不好閱讀，甚至難以除錯。因此，若取得多個資源，則比較好的解決方案是 Object-Based Error Handling。

改用 Object-Based Error Handling 的另一個原因是，之前在單一函式內有主功能與資源配置、清理內容，所以程式碼依然很複雜。即單一函式具有多個職責。

已知應用

下列是此模式的應用範例：

- Portland Pattern Repository 有一個類似的解決方案，其中每個被呼叫的函式會在回呼串列中（callback list）註冊其清理常式。對於清理作業，會呼叫回呼串列中的所有函式。

- OpenSSL 的 `dh_key2buf` 函式於 `if` 述句中使用延遲求值，記錄配置的位元組（之後會被清理的資源）。

- Wireshark 網路監聽工具的 `cap_open_socket` 函式使用延遲求值的 `if` 述句，並將於此 `if` 述句中配置的資源儲存在變數中。清理的時候，會檢查這些變數，若資源配置順利完成，則會清理該資源。

- OpenWrt 原始碼的 `nvram_commit` 函式會在 `if` 述句中配置資源，並將這些資源儲存於變數中。

運用於示例中

此時，只有一個 if 述句，而非 goto 述句或巢狀的 if 述句。下列程式碼未使用 goto 述句，其好處是錯誤處理與主程式流程完全分開：

```
int parseFile(char* file_name)
{
  int return_value = ERROR;
  FILE* file_pointer = 0;
  char* buffer = 0;

  assert(file_name!=NULL && "Invalid filename");
  if((file_pointer=fopen(file_name, "r")) &&
     (buffer=malloc(BUFFER_SIZE)))
  {
    return_value = searchFileForKeywords(buffer, file_pointer);
  }
  if(file_pointer)
  {
    fclose(file_pointer);
  }
  if(buffer)
  {
    free(buffer);
  }
  return return_value;
}
```

不過，該程式碼看起來不太好。這個函式有很多職責：資源配置、資源釋放、檔案處理、錯誤處理。應可用 Object-Based Error Handling 將這些職責以個別函式實作。

Object-Based Error Handling

情境

你有個函式用於獲取、清理多個資源。也許你已試著用 Guard Clause、Function Split、Samurai Principle 降低複雜度，不過因為資源獲取的原故，程式碼仍然有深層巢狀的 if 構件。甚至可能會有資源清理之用的重複程式碼。但也許你已使用 Goto Error Handling、Cleanup Record 移除巢狀的 if 述句。

問題

一個函式負有多個職責（譬如資源獲取、資源清理、資源運用），其程式碼會讓人難以實作、閱讀、維護、測試。

棘手的原因是通常每個資源的獲取都可能會失敗，只要成功獲取資源，就可以直接呼叫每個資源的作業。為了實作所求，需要大量的 if 述句，若做得不好，在單一函式出現的巢狀 if 述句會造成難以閱讀與維護的程式碼。

由於你必須清理資源，而在出問題之際，於函式中途回返並非好的做法。原因是在每個 return 述句之前必須清理已獲取的所有資源。因此，到頭來會在程式碼多處清理同一個資源，不過你不會想要程式碼出現重複的錯誤處理與清理內容。

即使你已用 Cleanup Record、Goto Error Handling，因為該函式擔負多個職責，所以函式內容依然令人難以閱讀。該函式負責多個資源的獲取、錯誤處理、多個資源的清理。然而，單一函式應該只有一個職責。

解決方案

將初始化與清理作業置於個別的函式中，類似於物件導向程式設計中建構式與解構式的概念。

主函式直接呼叫獲取資源的函式、處理資源的函式、清理資源的函式。

若獲取的資源不是全域的，則必須循相關函式傳遞該資源。若有多個資源時，你可以循相關函式傳遞內含所有資源的一個 Aggregate Instance。若你要改成對呼叫者隱藏實際資源，則可以在函式之間用 Handle 傳遞資源資訊。

若資源配置失敗，則將此資訊儲存在變數中（例如，若記憶體配置失敗，則為 NULL 指標）。使用或清理資源時，首先要檢查資源是否有效。並非在主函式中執行該檢查，而是在被呼叫的函式中執行檢查，如此可讓主函式更容易閱讀：

```
void someFunction()
{
  allocateResources();
  mainFunctionality();
  cleanupResources();
}
```

結果

該函式此時就比較好閱讀。雖然這個函式會配置、清理多個資源,當然還有處理這些資源,不過這些任務還是可完全分成多個函式。

循著函式傳遞的類物件實體(object-like instance)稱為「物件式」(object-based)程式設計風格。這種風格讓程序式(procedural)程式設計較近似物件導向程式設計,因此以這種風格編寫的程式碼會讓慣用物件導向的程式設計師更為熟悉。

因為針對資源配置與清理作業,不再需要巢狀的 if 述句,所以主函式沒有理由又出現多個 return 述句。無論如何,你當然不會排除資源配置與清理的邏輯。這些邏輯仍然全部存在於個別的函式中,只是不再與資源的運用混搭。

此時你會有多個函式,而非僅有單一函式。雖然這可能會衍生效能的負面影響,但這通常不是必須在意的項目。效能的影響不大,對於大多數的應用程式而言,並不重要。

已知應用

下列是此模式的應用範例:

* 這種形式的清理作業用於物件導向程式設計中隱含呼叫的建構式與解構式。

* OpenSSL 程式碼使用此模式。例如,緩衝區的配置和清理是以 BUF_MEM_new、BUF_MEM_free 函式實現(其中在緩衝區處理相關程式碼的前後處分別呼叫兩者)。

* OpenWrt 原始碼的 show_help 函式於環境選單(context menu)顯示說明資訊。該函式呼叫初始化函式建立一個 struct,再處理此 struct,以及呼叫函式清理該 struct。

* Git 專案的 cmd__windows_named_pipe 函式以 Handle 建立管線(pipe),再操作該管線,並呼叫單獨的函式清理該管線。

運用於示例中

最後可造就出下列的程式碼,其中 parseFile 函式會呼叫其他函式,以建立和清理剖析器實體:

```c
typedef struct
{
  FILE* file_pointer;
  char* buffer;
}FileParser;

int parseFile(char* file_name)
{
  int return_value;
  FileParser* parser = createParser(file_name);
  return_value = searchFileForKeywords(parser);
  cleanupParser(parser);
  return return_value;
}

int searchFileForKeywords(FileParser* parser)
{
  if(parser == NULL)
  {
    return ERROR;
  }
  while(fgets(parser->buffer, BUFFER_SIZE, parser->file_pointer)!=NULL)
  {
    if(strcmp("KEYWORD_ONE\n", parser->buffer)==0)
    {
      return KEYWORD_ONE_FOUND_FIRST;
    }
    if(strcmp("KEYWORD_TWO\n", parser->buffer)==0)
    {
      return KEYWORD_TWO_FOUND_FIRST;
    }
  }
  return NO_KEYWORD_FOUND;
}

FileParser* createParser(char* file_name)
{
  assert(file_name!=NULL && "Invalid filename");
  FileParser* parser = malloc(sizeof(FileParser));
  if(parser)
  {
    parser->file_pointer=fopen(file_name, "r");
    parser->buffer = malloc(BUFFER_SIZE);
    if(!parser->file_pointer || !parser->buffer)
    {
      cleanupParser(parser);
      return NULL;
```

```
      }
    }
    return parser;
  }

  void cleanupParser(FileParser* parser)
  {
    if(parser)
    {
      if(parser->buffer)
      {
        free(parser->buffer);
      }
      if(parser->file_pointer)
      {
        fclose(parser->file_pointer);
      }
      free(parser);
    }
  }
```

該程式碼的主程式流程不再有 if 串接。如此讓 parseFile 函式更容易閱讀、除錯、維護。主函式不再處理資源配置、資源釋放、錯誤處理等細節。這些細節改放在個別的函式中,即每個函式皆僅有一個職責。

對照前面第一版的範例程式,檢視在此最終版的良好狀態。經運用的模式協助,逐步讓程式碼更容易閱讀、維護。在每個運用步驟中,會移除巢狀的 if 串接與改進錯誤處理的方式。

總結

本章說明如何在 C 語言中執行錯誤處理。Function Split 表示將函式內容分解成較小的部分,而讓這些部分的錯誤處理可以容易一些。函式運用 Guard Clause 檢查其中的前置條件,若不符合,則該函式會立即回返。就函式其餘的內容來說,如此可減少錯誤處理的職責。除了函式的回返,你還可以採取 Samurai Principle 中止程式的執行。若需要更複雜的錯誤處理──特別是獲取資源與釋放資源兩者的組合時──則有數個方法可用。其中 Goto Error Handling 能於函式中前進跳到錯誤處理的部分;Cleanup Record 會儲存需要清理的資源資訊,於函式結尾再做清理。近似物件導向程式設計的資源獲取方法是 Object-Based Error Handling,類似建構式與解構式的概念,其分別採用初始化函式與清理函式。

若你知悉這些錯誤處理的模式，此刻就能編寫小程式，確保程式碼能夠以持續維護的方式處理錯誤情況。

深究

若你想要知道更多內容，以下有些資源能夠協助你累積錯誤處理的知識。

- Portland Pattern Repository（*https://oreil.ly/qFLdA*）有不少錯誤處理的模式與其他主題的論述。大多數錯誤處理模式以異常處理或斷言（assertion）用法為主，不過也有描述某些 C 語言模式。

- Thomas Aglassinger 的碩士論文《Error Handling in Structured and Object-Oriented Programming Languages》（奧盧大學，1999）針對一般的錯誤處理提供綜合概論。該論文描述各種錯誤是怎麼產生的；探討程式語言 C、Basic、Java、Eiffel 的錯誤處理機制；並針對這些語言提供錯誤處理的最佳做法，譬如將資源的清理順序顛倒（相較其配置順序而言）。該論文還提到數種第三方解決方案，以 C 函式庫的形式加強 C 語言的錯誤處理功能，例如使用 `setjmp`、`longjmp` 指令執行異常處理。

- Klaus Renzel 在〈Error Handling for Business Information Systems〉（*https://oreil.ly/bQnfx*）一文中為商業資訊系統量身訂做 15 種物件導向的錯誤處理模式，其中大多數模式也可以應用於非物件導向的領域。這些模式涵蓋錯誤偵測（error detection）、錯誤記錄（error logging）、錯誤處理。

- Adam Tornhill 在《*Patterns in C*》（Leanpub，2014）一書中針對四人幫（Gang of Four）某些設計模式提供 C 程式碼片段的實作。本書以 C 模式的形式進一步提供最佳做法，其中包含錯誤處理的部分。

- Andy Longshaw、Eoin Woods 在〈Patterns for Generation, Handling and Management of Errors〉、〈More Patterns for the Generation, Handling and Management of Errors〉（*https://oreil.ly/7Yj8h*）等文章中介紹錯誤記錄和錯誤處理的模式集。其中大多數模式都以異常情況的錯誤處理為主。

展望

下一章將說明如何針對大型程式（即程式會回傳跨介面的錯誤資訊給其他函式）處理錯誤。這些模式會表明要回傳的錯誤資訊類型與回傳方式。

第二章

回傳錯誤資訊

上一章的重點是錯誤處理。本章繼續討論這個主題,不過要把焦點擺在如何讓你的程式碼使用者知道有偵測到錯誤。

對於大型程式來說,程式設計師必須:為自己程式碼中發生的錯誤,決定如何因應;為第三方程式碼中發生的錯誤,決定如何因應;決定如何在程式碼中傳遞此錯誤資訊;決定如何將此錯誤資訊呈現給使用者知悉。

大多數物件導向程式語言都有便利的異常處理機制,讓程式設計師以另外的管道回傳錯誤資訊,不過 C 本身沒有這樣的機制。在 C 語言中,有些方法可以仿效異常處理,甚至是異常狀態的繼承,例如 Axel-Tobias Schreiner 在《*Object-Oriented Programming with ANSI-C*》(2011)一書中(*https://oreil.ly/YK7x1*)所述。但是對於編寫傳統 C 程式碼的程式設計師、或想堅持自己慣用的 C 原生風格者來說,採用這樣的異常機制並非是最好的做法。這類的程式設計師反而需要的指引是,如何利用 C 語言原本就有的錯誤處理機制達成所需。

本章將引導你如何在函式間及跨介面傳輸錯誤資訊。圖 2-1 概略呈現本章介紹的模式及這些模式彼此的關係,而表 2-1 列出這些模式的摘要。

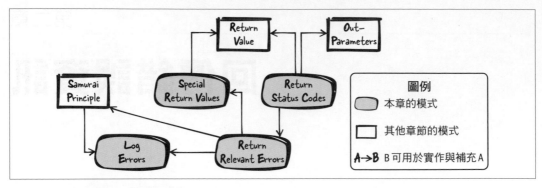

圖 2-1　回傳錯誤資訊的模式概觀

表 2-1　回傳錯誤資訊的模式

模式	摘要
Return Status Codes	你想要有個機制，能夠將狀態資訊回傳給呼叫者，讓呼叫者可以對該狀態有所反應。你希望這個機制簡單好用，而呼叫者應該能夠明確區分可能發生的各種錯誤情況。因此，使用函式的 Return Value 回傳狀態資訊。以回傳的值表示特定狀態。被呼叫者（callee）與呼叫者雙方必須對值的含意有共同認知。
Return Relevant Errors	一方面，呼叫者應能對錯誤做出反應；另一方面，回傳的錯誤資訊越多，被呼叫者的程式碼與呼叫者的程式碼需要的錯誤處理就越多，如此會讓程式碼較為冗長。冗長程式碼的閱讀與維護並不容易，進而招致額外錯誤的風險。因此，若錯誤資訊和呼叫者相關的話，才將該錯誤資訊回傳給呼叫者。若呼叫者可以對這個資訊有所反應，即表示該錯誤資訊與呼叫者相關。
Special Return Values	你想要回傳錯誤資訊，但不想明確選用 Return Status Codes，理由是這會讓函式難以回傳其他資料。你可以為函式增加 Out-Parameters，不過如此會使得呼叫函式更加困難。因此，使用函式的 Return Value 回傳函式算出的資料。保留一個或多個特殊值，以供發生錯誤時對應回傳之用。
Log Errors	你要確保在發生錯誤時可以輕易找出個中原因。可是不希望錯誤處理程式碼因而變得複雜。因此，使用不同管道提供相關的錯誤資訊（「與呼叫程式碼有關的」以及「與開發者有關的」）。例如，將除錯的錯誤資訊寫入記錄檔（log file），而不會把除錯用的詳細錯誤資訊回傳給呼叫者。

示例

你想要實作軟體模組，該模組能夠針對機碼（以字串指定）儲存對應值（字串）。換句話說，希望實作像 Windows 登錄的功能。為了簡單起見，下列程式碼不涉及機碼之間的階層關係，僅論述用於建立登錄元素的函式：

登錄 *API*

```
/* 登錄機碼的 handle */
typedef struct Key* RegKey;

/* 就給定的「key_name」指定內容，建立新登錄機碼 */
RegKey createKey(char* key_name);

/* 將給定的「value」存入指定的「key」中 */
void storeValue(RegKey key, char* value);

/* 讓該機碼可供讀取（供此範例程式之外的其他函式取用）*/
void publishKey(RegKey key);
```

登錄實作

```
#define STRING_SIZE 100
#define MAX_KEYS 40

struct Key
{
  char key_name[STRING_SIZE];
  char key_value[STRING_SIZE];
};

/* 容納所有登錄機碼的檔案範疇全域（file-global）陣列 */
static struct Key* key_list[MAX_KEYS];

RegKey createKey(char* key_name)
{
  RegKey newKey = calloc(1, sizeof(struct Key));
  strcpy(newKey->key_name, key_name);
  return newKey;
}

void storeValue(RegKey key, char* value)
{
  strcpy(key->key_value, value);
}
```

```
void publishKey(RegKey key)
{
  int i;
  for(i=0; i<MAX_KEYS; i++)
  {
    if(key_list[i] == NULL)
    {
      key_list[i] = key;
      return;
    }
  }
}
```

在前述程式碼中，就內部錯誤或（譬如）函式輸入參數為無效值的情況下，你不確定應如何把錯誤資訊供給呼叫者。呼叫者實際上不知道該呼叫的結果成功與否，其最終應用的程式碼如下所示：

```
RegKey my_key = createKey("myKey");
storeValue(my_key, "A");
publishKey(my_key);
```

呼叫者的程式碼非常簡短好讀，但是呼叫者不知道是否有錯誤發生，無法對錯誤有所反應。為了給呼叫者可能的處置，你需要在程式中引進錯誤處理，向呼叫者提供相關錯誤資訊。你心中油然而生的第一個想法是，讓呼叫者知道你的軟體模組中發生的所有錯誤。就此需要 Return Status Codes。

Return Status Codes

情境

你實作的軟體模組會執行某些錯誤處理，並希望將錯誤與其他狀態資訊回傳給呼叫者。

問題

你想要有個機制，能夠將狀態資訊回傳給呼叫者，讓呼叫者可以對該狀態有所反應。你希望這個機制簡單好用，而呼叫者應該能夠明確區分可能發生的各種錯誤情況。

C 語言之前是以全域變數 errno 表示的錯誤碼來傳輸錯誤資訊。呼叫者必須重設 errno 全域變數，再呼叫某函式，而該函式會對 errno 全域變數設值，以表示對應的錯誤，呼叫者必須於呼叫該函式之後檢查這個變數。

然而，相較於 errno 的使用，你想要一種回傳狀態資訊的方式，能夠讓呼叫者比較容易檢查錯誤。呼叫者應從函式簽名式中得知狀態資訊的回傳方式、以及預期的狀態資訊類型。

此外，狀態資訊的回傳機制應能在多執行緒環境中安全使用，只有被呼叫的函式才能夠影響回傳的狀態資訊。換句話說，應該可以使用該機制而仍為可重入的函式（reentrant function）。

解決方案

使用函式的 Return Value 回傳狀態資訊。以回傳的值表示特定狀態。被呼叫者與呼叫者雙方必須對值的含意有共同認知。

回傳的值通常是數值 ID（identifier）。呼叫者可以就該 ID 檢查函式的 Return Value，並做合適的反應。若函式必須回傳其他結果，則以 Out-Parameters 形式傳給呼叫者。

將你 API 中的數值狀態 ID 定義成一個 enum 或使用 #define 定義。若有許多狀態碼，或者你的軟體模組有多個標頭檔，則可以用單獨的標頭檔專門包含狀態碼，並於其他標頭檔中引入此檔案。

為狀態 ID 指定有意義的名稱，並以註解記載名稱含意。對於你所有的 API 而言，務必以一致的命名方式為這些狀態碼取名字。

下列是狀態碼的應用範例：

呼叫者的程式碼（使用狀態碼）

```
ErrorCode status = func();
if(status == MAJOR_ERROR)
{
  /* 中止程式執行 */
}
else if(status == MINOR_ERROR)
{
  /* 處理錯誤 */
}
else if(status == OK)
{
  /* 繼續執行（正常執行）  */
}
```

被呼叫者的 *API*（定義狀態碼）

```
typedef enum
{
  MINOR_ERROR,
  MAJOR_ERROR,
  OK
}ErrorCode;

ErrorCode func();
```

被呼叫者的實作（定義狀態碼）

```
ErrorCode func()
{
  if(minorErrorOccurs())
  {
    return MINOR_ERROR;
  }
  else if(majorErrorOccurs())
  {
    return MAJOR_ERROR;
  }
  else
  {
    return OK;
  }
}
```

結果

此刻，你可以回傳狀態資訊，讓呼叫者可輕易確認所發生的錯誤。相對於 errno 來說，這個做法除了函式呼叫，呼叫者不必在過程中設立與檢查錯誤資訊。呼叫者可以依照函式呼叫的回傳值直接檢查資訊。

回傳狀態碼可以安全地用於多執行緒環境中。呼叫者能確保只有被呼叫的函式（而無其他旁路）會影響回傳的狀態。

函式簽名式相當明確地表示如何回傳狀態資訊。這對於呼叫者而言一目了然，而就編譯器或靜態程式碼分析工具來講也很清楚明白，這些工具可以確認呼叫者是否檢查函式回傳值（針對可能發生的所有狀態）。

由於該函式此時就各種錯誤情況產生個別的結果，因此這些結果必須經過測試。相較於不具錯誤處理的函式，該函式必須執行更廣泛的測試。此外，呼叫者還得檢查這些錯誤情況，這可能會讓呼叫者程式碼的總量增加。

所有 C 函式都只能回傳函式簽名式中所指的型別物件，而該函式目前會回傳狀態碼。因此，為了回傳函式其他結果，你必須使用較複雜的技術。其中可以使用 Out-Parameters 達成所求（缺點是需要額外的參數），也可以回傳 Aggregate Instance（內含狀態資訊與函式其他結果）。

已知應用

下列是此模式的應用範例：

- Microsoft 使用 HRESULT 回傳狀態資訊。每個 HRESULT 皆為獨一無二的狀態碼。狀態碼的定義不重複，其優點是：狀態資訊可在許多函式中傳輸，而始終能得知該狀態的來源。但是，要讓狀態碼不重複定義的話，會有附加的作業：指派狀態號碼、記錄何者可以使用哪些狀態號碼。HRESULT 的另一個特色：將特定資訊（譬如某錯誤的嚴重程度）編成狀態碼（採取專門用於回傳該資訊的某些位元達成）。

- Apache Portable Runtime 程式碼定義 apr_status_t 型別，用於回傳錯誤資訊。以該方式回傳錯誤資訊的函式，執行成功時會回傳 APR_SUCCESS，而有錯時會以其他值表示。其他值是以 #define 述句指定的不重複定義錯誤碼。

- OpenSSL 程式碼將狀態碼定義在多個標頭檔中（*dsaerr.h*、*kdferr.h*……）。舉例來說，狀態碼 KDF_R_MISSING_PARAMETER、KDF_R_MISSING_SALT 會向呼叫者通知輸入參數的缺失或錯誤細節。這些檔案中的狀態碼，僅針對該檔所屬的特定一組函式集而定義，狀態碼定義值在整個 OpenSSL 程式碼中並非獨一無二的。

- Portland Pattern Repository 有描述 Error Code 模式。其明確使用函式的回傳值，用以說明回傳錯誤資訊的概念。

運用於示例中

此刻，你可以就程式碼的錯誤情況對呼叫者提供相關資訊。下列程式碼會檢查可能出錯的情況，並將相關資訊提供給呼叫者：

登錄 *API*

```
/* 由該登錄回傳的錯誤碼 */
typedef enum
{
```

```
    OK,
    OUT_OF_MEMORY,
    INVALID_KEY,
    INVALID_STRING,
    STRING_TOO_LONG,
    CANNOT_ADD_KEY
}RegError;

/* 登錄機碼的 handle */
typedef struct Key* RegKey;

/* 就給定的「key_name」指定內容，建立新登錄機碼。
    若沒有問題，則回傳 OK；若「key」參數為 NULL，則回傳 INVALID_KEY；
    若「key_name」為 NULL，則回傳 INVALID_STRING；
    若「key_name」過長，則回傳 STRING_TOO_LONG；若沒有可用的記憶體資源，
    則回傳 OUT_OF_MEMORY。*/
RegError createKey(char* key_name, RegKey* key);

/* 將給定的「value」存入特定的「key」中。
    若沒有問題，則回傳 OK；若「key」參數為 NULL，則回傳 INVALID_KEY；
    若「value」為 NULL，則回傳 INVALID_STRING；
    若「value」過長，則回傳 STRING_TOO_LONG。 */
RegError storeValue(RegKey key, char* value);

/* 讓該機碼可供讀取。若沒有問題，
    則回傳 OK；若「key」為 NULL，則回傳 INVALID_KEY；
    若該登錄已滿或無法再發出登錄機碼，則回傳 CANNOT_ADD_KEY。*/
RegError publishKey(RegKey key);
```

登錄實作

```
#define STRING_SIZE 100
#define MAX_KEYS 40

struct Key
{
  char key_name[STRING_SIZE];
  char key_value[STRING_SIZE];
};

/* 容納所有登錄機碼的檔案範疇全域（file-global）陣列 */
static struct Key* key_list[MAX_KEYS];

RegError createKey(char* key_name, RegKey* key)
{
  if(key == NULL)
  {
```

```c
      return INVALID_KEY;
   }

   if(key_name == NULL)
   {
     return INVALID_STRING;
   }

   if(STRING_SIZE <= strlen(key_name))
   {
     return STRING_TOO_LONG;
   }

   RegKey newKey = calloc(1, sizeof(struct Key));
   if(newKey == NULL)
   {
     return OUT_OF_MEMORY;
   }

   strcpy(newKey->key_name, key_name);
   *key = newKey;
   return OK;
}

RegError storeValue(RegKey key, char* value)
{
  if(key == NULL)
  {
    return INVALID_KEY;
  }

  if(value == NULL)
  {
    return INVALID_STRING;
  }

  if(STRING_SIZE <= strlen(value))
  {
    return STRING_TOO_LONG;
  }

  strcpy(key->key_value, value);
  return OK;
}

RegError publishKey(RegKey key)
{
```

```
    int i;
    if(key == NULL)
    {
      return INVALID_KEY;
    }

    for(i=0; i<MAX_KEYS; i++)
    {
      if(key_list[i] == NULL)
      {
        key_list[i] = key;
        return OK;
      }
    }

    return CANNOT_ADD_KEY;
  }
```

此時，呼叫者可以對所提供的錯誤資訊做反應，例如，可以為應用程式的使用者提供與錯誤相關的詳細資訊：

呼叫者的程式碼

```
    RegError err;
    RegKey my_key;

    err = createKey("myKey", &my_key);
    if(err == INVALID_KEY || err == INVALID_STRING)
    {
      printf("Internal application error\n");
    }
    if(err == STRING_TOO_LONG)
    {
      printf("Provided registry key name too long\n");
    }
    if(err == OUT_OF_MEMORY)
    {
      printf("Insufficient resources to create key\n");
    }

    err = storeValue(my_key, "A");
    if(err == INVALID_KEY || err == INVALID_STRING)
    {
      printf("Internal application error\n");
    }
    if(err == STRING_TOO_LONG)
    {
```

```
    printf("Provided registry value to long to be stored to this key\n");
  }

  err = publishKey(my_key);
  if(err == INVALID_KEY)
  {
    printf("Internal application error\n");
  }
  if(err == CANNOT_ADD_KEY)
  {
    printf("Key cannot be published, because the registry is full\n");
  }
```

呼叫者此刻可以對錯誤做出反應，但登錄軟體模組的程式碼以及呼叫者的程式碼總量會增加一倍以上。可以使用單獨的函式（將錯誤碼對應錯誤文字）把呼叫者的程式碼稍微做整理，不過大部分的程式碼仍然要做錯誤處理。

你可能會發現，錯誤處理並非不用成本。錯誤處理的實作需要大量的付出。這也可以從登錄 API 中得知。函式的註解，因為得描述可能發生何種錯誤，所以內容變得更長了。呼叫者也會得盡力考量如何處理特定的錯誤。

為呼叫者提供這種詳細錯誤資訊時，呼叫者得要對這些錯誤做出反應，考量哪些是得處理的相關錯誤與哪些是與自己不相干的錯誤。因此，要特別注意，一方面為呼叫者提供必要的錯誤資訊，而另一方面，不該讓呼叫者收到大量的非必要資訊。

接著，你要在程式碼中做這些考量，並且只要提供對呼叫者確實有用的錯誤資訊。因此你僅能用 Return Relevant Errors。

Return Relevant Errors

情境

你實作一個軟體模組，該模組會執行某些錯誤處理，而你要將錯誤資訊回傳給呼叫者。

問題

一方面，呼叫者應能對錯誤做出反應；另一方面，回傳的錯誤資訊越多，被呼叫者的程式碼與呼叫者的程式碼需要的錯誤處理就越多，如此會讓程式碼較為冗長。冗長程式碼的閱讀與維護並不容易，進而招致額外錯誤的風險。

為了將錯誤資訊回傳給呼叫者，並非只有錯誤偵測與資訊回傳任務。你還必須在 API 中記載回傳哪些錯誤。若不這樣做的話，呼叫者不知道要處理哪些預期錯誤。記載錯誤行為是必須完成的工作。錯誤類型越多，必須完成的記載工作就越多。

詳細回傳實作特定的錯誤資訊，並於之後的程式碼中加入其他錯誤資訊，若實作有變更，表示該實作的運用也得更改，你必須就語義更改介面（記載回傳錯誤資訊的介面）。這些變更可能不適合現行的呼叫者，這些呼叫者得調整自己的程式碼，才能對新加的錯誤資訊有所反應。

提供詳細錯誤資訊對呼叫者而言，也並非一定是好事。傳給呼叫者的每個錯誤資訊，都意味著呼叫者有附加的工作。呼叫者必須確定是否為相關的錯誤資訊以及處理方式。

解決方案

若錯誤資訊和呼叫者相關的話，才將該錯誤資訊回傳給呼叫者。若呼叫者可以對這個資訊有所反應，即表示該錯誤資訊與呼叫者相關。

若呼叫者無法對錯誤資訊做出反應，則無須讓呼叫者有機會（或職責）處理之。

有幾種方式可以只回傳相關的錯誤資訊。其中一個極端做法是完全不回傳錯誤資訊。例如，有個用於清理記憶體的函式 cleanupMemory (void* handle)，若清理成功，則無須回傳資訊，實際上呼叫者無法在程式碼中對這類的清理錯誤做出反應（在大多數情況下，皆是重新嘗試呼叫清理函式，但這並非解決方案）。因此，該函式根本不用回傳錯誤資訊。為了確保函式的錯誤不會被忽視，於錯誤發生時中止程式執行（Samurai Principle）甚至會是一種選擇。

或者假設你將錯誤傳給呼叫者的理由只是呼叫者負責記錄此錯誤。在這種情況下，不要將錯誤回傳給呼叫者，而是直接自行用 Log Errors，如此可讓呼叫者的負擔較輕。

若你已用 Return Status Codes，則只要回傳與呼叫者相關的錯誤資訊。其他的錯誤發生時，可以彙總成單一內部錯誤碼。此外，你呼叫的函式中細部錯誤碼不必由你的函式一一回傳。可以將它們彙總成單一內部錯誤碼，如下列程式碼所示：

呼叫者的程式碼

```
ErrorCode status = func();
if(status == MAJOR_ERROR || status == UNKNOWN_ERROR)
{
   /* 中止程式執行 */
}
else if(status == MINOR_ERROR)
```

```
{
   /* 處理錯誤 */
}
else if(status == OK)
{
   /* 繼續執行（正常執行） */
}
```

API

```
typedef enum
{
  MINOR_ERROR,
  MAJOR_ERROR,
  UNKNOWN_ERROR,
  OK
}ErrorCode;

ErrorCode func();
```

實作

```
ErrorCode func()
{
  if(minorErrorOccurs())
  {
    return MINOR_ERROR;
  }
  else if(majorErrorOccurs())
  {
    return MAJOR_ERROR;
  }
  else if(internalError1Occurs() || internalError2Occurs())
  {
    return UNKNOWN_ERROR; ❶
  }
  else
  {
    return OK;
  }
}
```

❶ 若發生 internalError1Occurs 或 internalError2Occurs，由於這兩個實作特定錯誤的發生與呼叫者無關，所以你可回傳同樣的錯誤資訊。呼叫者將以同樣的方式對這兩個錯誤做出反應（在前述範例中，反應動作是中止程式執行）。

若因除錯目的而需要更詳細的錯誤資訊，則可以用 Log Errors。若你發覺在只回傳相關錯誤之後，發生的錯誤情況並不多，則與其使用錯誤碼，不如直接使用 Special Return Values 回傳錯誤資訊（採用此模式會是較好的解決方案）。

結果

不回傳內部錯誤發生的詳細資訊，對呼叫者而言是一種解脫。呼叫者不必考慮如何處理所有可能發生的內部錯誤，如此一來所有回傳的錯誤都與呼叫者有關，因而呼叫者更能夠對回傳的所有錯誤做出反應。此外，測試人員可能會很高興，原因是此時函式回傳的錯誤資訊較少，所以得測試的錯誤情況也較少。

若呼叫者用很嚴格的編譯器、靜態程式碼分析工具，驗證呼叫者是否有檢查所有可能的回傳值，則呼叫者不必明確處理不相干的錯誤（例如，具多個 fallthrough（貫穿）的 switch 述句和針對所有內部錯誤的集中處理程式碼）。呼叫者就只處理單一的內部錯誤碼，或者若因發生錯誤而中止程式執行，則呼叫者不必處理任何錯誤。

不回傳詳細錯誤資訊會讓呼叫者無法向使用者呈現此錯誤資訊，或不能保存此錯誤資訊供開發人員除錯之用。然而，對於此類的除錯用途來說，最好直接在發生錯誤的軟體模組中用 Log Errors，而非讓呼叫者造成負擔。

若你未回傳與函式中錯誤相關的所有資訊，而只是回傳你認為與呼叫者有關的資訊，則你有可能會出錯。也許會忘記呼叫者所需的某些資訊，進而為了加入這些資料而導致變更需求。但是，若你用 Return Status Codes，則可以輕易加入另外的錯誤碼，而無須更改函式簽名式。

已知應用

下列是此模式的應用範例：

- 對於安全相關的程式碼來說，在發生錯誤時才回傳相關資訊，這是相當常見的做法。例如，若對使用者做身分驗證的函式，因無效的使用者名稱、密碼而回傳身分驗證失敗的詳細資訊，則呼叫者可以使用此函式檢查已過關的使用者名稱。為了避免開放帶有此資訊的旁路，通常只回傳身分驗證成功與否的二元資訊。例如，B&R Automation Runtime 作業系統中用於使用者身分驗證的函式 rbacAuthenticateUserPassword，其回傳型別為 bool，若身分驗證成功則回傳 true，若身分驗證失敗，則回傳 false。並未回傳身分驗證失敗原因的詳細資訊。

- 電玩 NetHack 的 FlushWinFile 函式呼叫 Macintosh 的 FSWrite 函式將檔案推送到磁碟中（FSWrite 函式會回傳錯誤碼）。然而，NetHack 外包式（wrapper）明確忽略該錯誤碼，FlushWinFile 的回傳型別為 void，原因是使用該函式的程式碼於錯誤發生時無法做出合適的反應。因此，錯誤資訊不會跟著傳遞。

- OpenSSL 的 EVP_CIPHER_do_all 函式使用內部函式 OPENSSL_init_crypto 對密碼套件初始化，該函式會用 Return Status Codes。然而，EVP_CIPHER_do_all 函式會忽略此詳細錯誤資訊，其回傳型別為 void。因此，該外包函式（wrapping function）會將詳細錯誤資訊的回傳策略改為僅用 Return Relevant Errors，就此而言，完全不含錯誤資訊。

運用於示例中

若僅用 Return Relevant Erros 時，登錄碼會類似下列所示。為了簡單起見，這裡只列出 createKey 函式：

createKey 函式的實作

```
RegError createKey(char* key_name, RegKey* key)
{
  if(key == NULL || key_name == NULL)
  {
    return INVALID_PARAMETER; ❶
  }

  if(STRING_SIZE <= strlen(key_name))
  {
    return STRING_TOO_LONG;
  }

  RegKey newKey = calloc(1, sizeof(struct Key));
  if(newKey == NULL)
  {
    return OUT_OF_MEMORY;
  }

  strcpy(newKey->key_name, key_name);
  *key = newKey;
  return OK;
}
```

❶ 此時不再回傳 INVALID_KEY 或 INVALID_STRING，而是針對這些錯誤情況回傳 INVALID_PARAMETER。

這時，呼叫者無法個別處理特定的無效參數，這也表示呼叫者不必考量如何個別處理這些錯誤情況。因為此時少一個要處理的錯誤情況，所以呼叫者的程式碼變得比較簡單。

這是不錯的做法，若函式回傳 INVALID_KEY 或 INVALID_STRING，則呼叫者要怎麼做呢？若呼叫者嘗試再度呼叫函式是無濟於事的。就這兩種情況而言，呼叫者只能接受的是，呼叫該函式並無作用，而是將此情況告知使用者或中止程式執行。由於沒有理由要求呼叫者個別處理這兩個錯誤，因而減輕呼叫者對兩種錯誤情況的處理負擔。此時呼叫者只需考慮一種錯誤情況，然後做出合適的反應。

為了讓事情更為簡單，接下來你要用 Samurai Principle。不會回傳所有的錯誤碼，而對於部分錯誤的處理方法是中止程式執行：

createKey 函式的宣告

```
/* 就給定的「key_name」指定內容，建立新登錄機碼
   （其值不得為 NULL，最大長度為 STRING_SIZE 個字元）。
   於給定的「key」參數中儲存該機碼的 handle（其值不得為 NULL）。
   作業成功時回傳 OK，若記憶體不足時，則回傳 OUT_OF_MEMORY。 */
RegError createKey(char* key_name, RegKey* key);
```

createKey 函式的實作

```
RegError createKey(char* key_name, RegKey* key)
{
  assert(key != NULL && key_name != NULL); ❶
  assert(STRING_SIZE > strlen(key_name)); ❶

  RegKey newKey = calloc(1, sizeof(struct Key));
  if(newKey == NULL)
  {
    return OUT_OF_MEMORY;
  }

  strcpy(newKey->key_name, key_name);
  *key = newKey;
  return OK;
}
```

❶ 若其中一個給定參數不是你預期的內容，則此時不會回傳 INVALID_PARAMETER 或 STRING_TOO_LONG，而是中止程式執行。

因字串過長而中止程式執行，初步看來似乎有點過當。然而，與 NULL 指標相似，太長的字串對於你的函式來說是無效的輸入。若你的登錄未透過 GUI 取得使用者的輸入字串，而是從呼叫者的程式碼中獲得固定的輸入內容，則此程式只會在出現程式設計錯誤時中止程式執行，對於過長的字串而言，這是相當貼切的行為。

接下來，你會看到 createKey 函式只回傳兩種錯誤碼：OUT_OF_MEMORY、OK。你只需用 Special Return Values 提供此種錯誤資訊，即可讓程式碼更加美觀。

Special Return Values

情境

你有個函式用於算出某結果，若在執行該函式時發生錯誤，則你想要將錯誤資訊提供給呼叫者。你只想用 Return Relevant Errors。

問題

你想要回傳錯誤資訊，但不想明確選用 Return Status Codes，理由是這會讓函式難以回傳其他資料。你可以為函式增加 Out-Parameters，不過如此會使得呼叫函式更加困難。

你也不會選擇完全不回傳錯誤資訊。你想要提供一些錯誤資訊給呼叫者，希望呼叫者能夠對這些錯誤有所反應。要供給呼叫者的錯誤資訊並不多。可能只是函式呼叫成功與否的二元資訊。為了如此簡單的資訊用 Return Status Codes，將是多此一舉。

因為函式中發生的錯誤不算嚴重，所以你不該用 Samurai Principle 中止程式執行。或者因為呼叫者可以妥善處理這些錯誤，所以也許你希望讓呼叫者能夠決定如何處理錯誤。

解決方案

使用函式的 Return Value 回傳函式算出的資料。保留一個或多個特殊值，以供發生錯誤時對應回傳之用。

例如，若函式回傳某指標，則你可以將 NULL 指標視為特定保留值，表示發生了某錯誤。根據定義，NULL 指標是無效指標，因此可以確保這個特殊值不會與函式算出的結果（有效指標）混淆。下列程式碼說明如何在指標作業的情況下回傳錯誤資訊：

被呼叫者的實作

```
void* func()
{
  if(somethingGoesWrong())
  {
    return NULL;
  }
  else
  {
    return some_pointer;
  }
}
```

呼叫者的程式碼

```
pointer = func();
if(pointer != NULL)
{
  /* 執行該指標的相關作業 */
}
else
{
  /* 處理錯誤 */
}
```

你必須在 API 中記載回傳的特殊值所具有的含意。在某些情況下，一般慣例會用特殊值表示錯誤。例如，通常用負整數值表示錯誤。不過，即使在這種情況下，也必須記載特定回傳值的含意。

你必須確保表示錯誤資訊的特殊值，是在正常情況不會出現的值。例如，若函式回傳溫度值（以攝氏度數為單位），該值為整數值，則仍以 UNIX 慣例，用任一負值表示錯誤，並非好主意。因為物理上的溫度值不可能低於攝氏 –273 度，所以較好的做法是以 –300 表示錯誤。

結果

此時該函式可以用 Return Value 回傳錯誤資訊，即使 Return Value 用於回傳函式的計算結果也無妨。無須用額外的 Out-Parameters 提供錯誤資訊。

有時，沒有太多特殊值可表示錯誤資訊。例如，就指標來說，只有 NULL 指標可表示錯誤資訊。如此導致的情況是，只能對呼叫者表示一切正常或有發生問題兩種狀態。缺點是無法回傳詳細錯誤資訊。然而，這也有好處，即你不會試圖回傳不必要的錯誤資訊。在許多情況下，僅提供「有問題」這個資訊就足夠了，而呼叫者也無法對較詳細的資訊做出反應。

若之後你認為必須提供更詳細的錯誤資訊，則因為沒有其他特殊值可用，所以或許要再進一步處理也是不可能的事情了。你必須更改整個函式簽名式，改用 Return Status Codes 提供另外的錯誤資訊。因為你可能得對現行呼叫者維持 API 的相容性，所以變更函式簽名式並非是一直可行的。若你預期未來會有這樣的變更，那就不要用 Special Return Values，而是直接用 Return Status Codes。

有時程式設計師無庸置疑的認為某回傳值表示錯誤。例如，對於部分程式設計師來說，可能認定 NULL 指標表示錯誤。而其他程式設計則認定 –1 表示錯誤。如此會導致危險的情況，即程式設計師以為每個人都清楚知道表示錯誤的值為何。然而，這些只是假設。無論如何，應該在 API 中明確記載何值用於表示錯誤，但程式設計師有時會忘了記錄，而誤認為這是眾所皆知的。

已知應用

下列是此模式的應用範例：

- 電玩 NetHack 的 getobj 函式在沒有錯誤時會回傳某物件的指標，若有錯誤則回傳 NULL。若要表示無物件可回傳的特殊情況，則該函式會回傳指向 zeroobj 這個全域物件的指標，該物件是此函式定義的回傳型別物件，呼叫者也會知道該物件。而呼叫者可確認回傳的指標是否就是這個全域物件的指標，依此能夠區分回傳的是有效物件或具有特殊含意的 zeroobj。

- C 標準函式庫的 getchar 函式會從 stdin 中讀取一個字元。該函式的回傳型別是 int，容許回傳比單純字元還多的資訊。若無字元可供讀取，該函式將回傳 EOF（通常為 -1）。由於字元不能以負整數表示，因此 EOF 與函式正常結果可被清楚區分，所以可用於表示無字元可供讀取的特殊情況。

- UNIX、POSIX 的大多數函式會使用負數表示錯誤資訊。例如，POSIX 函式 write 回傳已寫入的位元組的數量，有錯誤時則回傳 -1。

運用於示例中

Special Return Values 的應用程式碼如下所示。為了簡單起見，只列出 createKey 函式：

createKey 函式的宣告

```
/* 就給定的「key_name」指定內容，建立新登錄機碼
    （其值不得為 NULL，最大長度為 STRING_SIZE 個字元）。
    作業成功時回傳該機碼的 handle，有錯則回傳 NULL。 */
RegKey createKey(char* key_name);
```

createKey 函式的實作

```
RegKey createKey(char* key_name)
{
  assert(key_name != NULL);
  assert(STRING_SIZE > strlen(key_name));

  RegKey newKey = calloc(1, sizeof(struct Key));
  if(newKey == NULL)
  {
    return NULL;
  }

  strcpy(newKey->key_name, key_name);
  return newKey;
}
```

此時，createKey 函式內容較為簡單。不再用 Return Status Codes，而是直接回傳 handle，不用 Out-Parameter 回傳此資訊。函式的 API 文件也變得更加簡單，無須描述另外的參數，也無須贅述如何將函式結果回傳給呼叫者。

對於呼叫者而言，工作也容易得多。呼叫者不必再用 Out-Parameter 提供 handle，而是用 Return Value 直接提取該 handle，這使得呼叫者的程式碼更有可讀性，因此更容易維護。

然而，現在的問題是，與 Return Status Codes 提供的詳細錯誤資訊相比，該函式中出現的唯一錯誤資訊是函式作業的成功與否。錯誤的相關內部細節會被忽略，若之後你需要這些詳細資訊（例如，除錯資訊），則不得而知。要解決此問題，可以用 Log Errors。

Log Errors

情境

你有個函式用於處理錯誤。你希望只用 Return Relevant Errors 讓呼叫者在自己的程式碼中可對這些錯誤做反應，不過你想要保留詳細錯誤資訊以供之後除錯使用。

問題

你要確保在發生錯誤時可以輕易找出個中原因。可是不希望錯誤處理程式碼因而變得複雜。

有一種做法是將非常詳細的錯誤資訊（如表示程式設計錯誤的資訊）直接回傳給呼叫者。就此可以用 Return Status Codes 傳給呼叫者，而呼叫者向使用者呈現詳細的錯誤碼。使用者反問你（例如，透過某服務熱線）：錯誤碼的含意及如何解決問題。藉此你可獲得詳細的錯誤資訊，進而對程式碼除錯，找到問題所在。

然而，這種做法會有很大的缺點，即毫不在意該錯誤資訊的呼叫者，只是為了將該錯誤資訊傳達給你，才得向使用者提供此錯誤資訊，而使用者也不太在乎這些詳細錯誤資訊。

此外，Return Status Codes 的缺點是必須使用函式的 Return Value 回傳錯誤資訊，還得使用另外的 Out-Parameters 提供實際的函式結果。在某些情況下，你可以用 Special Return Values 提供錯誤資訊，但這並非始終可行。你不希望只為了提供錯誤資訊而讓函式有附加的參數，理由是這會使得呼叫者的程式碼更加複雜。

解決方案

使用不同管道提供相關的錯誤資訊（「與呼叫程式碼有關的」以及「與開發者有關的」）。例如，將除錯的錯誤資訊寫入記錄檔，而不會把除錯用的詳細錯誤資訊回傳給呼叫者。

若有錯誤，程式的使用者必須為你提供已記錄的除錯資訊，讓你可以輕鬆找出錯誤的原因。例如，使用者必須透過電子郵件傳送記錄檔給你。

不然，你可以在自己與呼叫者之間的介面裡記錄錯誤，也可用 Return Relevant Errors 傳給呼叫者。例如，可以通知呼叫者發生了某個內部錯誤，但呼叫者看不到發生何種錯誤的細節。因此，呼叫者仍然可以處理程式碼中的錯誤，而無須在意如何處理非常詳細的錯誤，也不會漏掉有價值的除錯資訊。

若要不漏掉有價值的除錯資訊，你應記錄程式設計錯誤和非預期錯誤的相關資訊。對於此類錯誤，值得儲存其嚴重性和錯誤所在的相關資訊——例如，原始碼的檔名和行號或 backtrace（回溯）。C 語言有特殊的巨集，用於取得下列相關資訊：當前行號（__LINE__）、當前函式（__func__）、當前檔案（__FILE__）。下列的記錄程式碼用到 __func__ 巨集：

```
void someFunction()
{
  if(something_goes_wrong)
  {
    logInFile("something went wrong", ERROR_CODE, __func__);
  }
}
```

若要取得更詳細的記錄，你甚至可以追蹤函式呼叫並記錄其回傳資訊。而用這些記錄對錯誤情況做逆向工程，會更加容易，不過，記錄作業當然也會衍生出運算成本。若要追蹤函式呼叫的回傳值，可以使用下列程式碼：

```
#define RETURN(x)            \
do {                         \
  logInFile(__func__, x);    \
  return x;                  \
} while (0)

int soneFunction()
{
  RETURN(-1);
}
```

可以將記錄資訊存檔，如前述的程式碼所示。你必須處理特殊情況，譬如沒有足夠記憶體可存檔或在存檔時程式當掉。處理這種情況並非簡單任務，但對於記錄機制而有穩健的程式碼是非常重要的：隨後你會用這些記錄檔除錯。若這些檔案的資料有誤，則你在追查編程錯誤時可能會被誤導。

結果

你可以獲得除錯資訊，而無須呼叫者處理、傳輸此資訊。因為呼叫者不必處理、傳輸詳細錯誤資訊，所以如此可讓呼叫者的負擔減輕許多。而由你自行提供詳細錯誤資訊。

在某些情況下，你可能只想記錄已發生的某錯誤、某情況，而這與呼叫者完全無關。因此，你甚至不必將錯誤資訊傳給呼叫者。例如，若於發生錯誤時中止程式執行，則呼叫者根本不必對錯誤做出反應，而你仍然可以確保在用 Log Errors 時不會漏掉有價值的除錯資訊。因此，函式不會為了回傳錯誤資訊而需要另外的參數，如此讓函式的呼叫變得更加容易，而且可協助呼叫者維持無瑕的程式碼。

你不會漏掉這個有價值的錯誤資訊，而且仍可用它除錯，找出程式設計錯誤。為了不漏掉此除錯資訊，可以透過另外管道（例如記錄檔）提供此資訊。然而，你必須考量如何取得這些記錄檔。你可以要求使用者透過電子郵件將記錄檔傳給你，或用更進階的方式，實作自動的錯誤回報機制。不過，這兩種方法皆無法 100% 確定記錄資訊是否真的會回傳到你這邊。若使用者不想要這樣做，他們可以拒絕處理。

已知應用

下列是此模式的應用範例：

- Apache web 伺服器程式碼用 `ap_log_error` 函式，將與請求（request）或連線相關的錯誤寫入一個錯誤記錄中。這樣的一筆記錄條目（log entry）包含發生錯誤的檔名和該行程式碼相關資訊，以及呼叫者提供給函式的自訂字串。記錄資訊存於伺服器的 `error_log` 檔中。

- B&R Automation Runtime 作業系統用記錄系統，讓程式設計師可以從程式任意處呼叫 `eventLogWrite` 函式，向使用者提供記錄資訊。這樣就可以向使用者提供資訊，而不必跨整個呼叫堆疊才將此資訊傳入集中記錄元件。

- Adam Tornhill 在《*Patterns in C*》（Leanpub，2014）一書中以 Assertion Context 模式建議在發生錯誤時中止程式執行，也在 assert 的呼叫內加入字串述句，記錄當掉之處與原因的相關資訊。若 assert 運作失敗，則會顯示內有 assert 述句的該行程式碼（包含其中新增的字串）。

運用於示例中

採用此模式的登錄軟體模組最終版程式如下所示。此程式碼提供相關的錯誤資訊給呼叫者，但不需要呼叫者處理內部錯誤情況：

登錄 *API*

```
/* 字串參數的最大長度（包含 NULL 結束字元）*/
#define STRING_SIZE 100

/* 由該登錄回傳的錯誤碼 */
typedef enum
{
  OK,
  CANNOT_ADD_KEY
}RegError;

/* 登錄機碼的 handle */
typedef struct Key* RegKey;

/* 就給定的「key_name」指定內容，建立新登錄機碼
    （其值不得為 NULL，最大長度為 STRING_SIZE 個字元）。
    作業成功時回傳該機碼的 handle，有錯則回傳 NULL。 */
RegKey createKey(char* key_name);

/* 將給定的「value」（不能為 NULL，最大長度為 STRING_SIZE 個字元）
```

存入給定的「key」（不能為 NULL）中 */
```c
void storeValue(RegKey key, char* value);
```

/* 讓該「key」可供讀取（不能為 NULL）。
   若沒有問題，則回傳 OK；若該登錄已滿或無法再發出登錄機碼，
   則回傳 CANNOT_ADD_KEY。*/
```c
RegError publishKey(RegKey key);
```

登錄實作

```c
#define MAX_KEYS 40

struct Key
{
  char key_name[STRING_SIZE];
  char key_value[STRING_SIZE];
};

/* 記錄除錯資訊與斷言的巨集 */
#define logAssert(X)                        \
if(!(X))                                     \
{                                            \
  printf("Error at line %i", __LINE__);     \
  assert(false);                            \
}

/* 容納所有登錄機碼的檔案範疇全域（file-global）陣列 */
static struct Key* key_list[MAX_KEYS];

RegKey createKey(char* key_name)
{
  logAssert(key_name != NULL)
  logAssert(STRING_SIZE > strlen(key_name))

  RegKey newKey = calloc(1, sizeof(struct Key));
  if(newKey == NULL)
  {
    return NULL;
  }

  strcpy(newKey->key_name, key_name);
  return newKey;
}

void storeValue(RegKey key, char* value)
{
  logAssert(key != NULL && value != NULL)
```

```
  logAssert(STRING_SIZE > strlen(value))

  strcpy(key->key_value, value);
}

RegError publishKey(RegKey key)
{
  logAssert(key != NULL)

  int i;
  for(i=0; i<MAX_KEYS; i++)
  {
    if(key_list[i] == NULL)
    {
      key_list[i] = key;
      return OK;
    }
  }

  return CANNOT_ADD_KEY;
}
```

與此示例的稍早版本相比，此版內容較短的原因如下：

- 該程式碼不會檢查程式設計錯誤，但在出現程式設計錯誤時會中止程式執行。此程式碼不會格外處理無效參數（譬如 NULL 指標）；而是讓該 API 註明 handle 不能為 NULL。

- 此程式碼只回傳與呼叫者相關的錯誤。例如，**createKey** 函式不會用 Return Status Codes，而是僅回傳 handle（或在發生錯誤時回傳 NULL），原因是呼叫者不需要更詳細的錯誤資訊。

雖然程式碼較短，但 API 註解內容變多了。目前的 API 註解會更清楚地表明函式於發生錯誤時的行為表現。因為此時呼叫者對於如何就各種錯誤資訊做出反應，無須負擔太多決策，所以除了你的程式碼，呼叫者的程式碼也變得更簡單：

呼叫者的程式碼

```
RegKey my_key = createKey("myKey");
if(my_key == NULL)
{
  printf("Cannot create key\n");
}
```

```
  storeValue(my_key, "A");

  RegError err = publishKey(my_key);
  if(err == CANNOT_ADD_KEY)
  {
    printf("Key cannot be published, because the registry is full\n");
  }
```

相較於該示例的之前版本，此版內容較短的原因是：

- 不必檢查因錯誤而中止執行的函式的回傳值。

- 不需要詳細錯誤資訊的函式，會直接回傳需求的項目。例如，createKey() 此時會回傳 handle，而呼叫者不再得用 Out-Parameter。

- 不再回傳表示程式設計錯誤的錯誤碼（例如提供無效的參數），因此不一定要由呼叫者檢查。

本章示例最終版呈現的重點是，考量程式碼中應該處理哪幾種錯誤，以及應該如何處理這些錯誤。直接回傳各種錯誤，並要求呼叫者處理所有的錯誤，這並非一直是最好的解決方案。呼叫者可能不在意詳細錯誤資訊，或呼叫者也許不想要對應用程式的錯誤做出反應。或許錯誤嚴重到發生該錯誤當下，即可決定中止程式執行。這些做法能讓程式碼更加簡單，是在設計軟體元件的 API 時必須加以考量的項目。

總結

本章說明如何跨多個函式（以及軟體多個部分）處理錯誤。Return Status Codes 模式為呼叫者提供表明發生錯誤的數值碼。Return Relevant Errors 只在呼叫者可對程式碼中的錯誤做出反應時才回傳這些相關錯誤資訊，而 Special Return Value 是一種實現這種需求的方式。Log Errors 以另外管道，提供非呼叫者使用的（而是供使用者所用或除錯之用的）錯誤資訊。

這些模式讓你擁有更多處理錯誤情況的工具，而在實作大型程式時能夠成為你的初步指引。

深究

若你想要知道更多內容，以下有些資源能夠協助你累積錯誤資訊回傳的知識：

- Thomas Aglassinger 的碩士論文《*Error Handling in Structured and Object-Oriented Programming Languages*》（奧盧大學，1999）針對一般的錯誤處理提供綜合概論，其中描述錯誤處理最佳做法，有多個程式語言（包括 C 語言）範例程式。

- Portland Pattern Repository（*https://oreil.ly/bs9FX*）有不少錯誤處理的模式與其他主題的論述。大多數錯誤處理模式以異常處理為主，不過也有描述某些 C 語言慣用法。

- Andy Longshaw、Eoin Woods 在〈Patterns for Generation, Handling and Management of Errors〉、〈More Patterns for the Generation, Handling and Management of Errors〉（*https://oreil.ly/7Yj8h*）等文章中介紹錯誤記錄和錯誤處理的模式。其中大多數模式都以異常情況的錯誤處理為主。

展望

下一章將說明如何處理動態記憶體。若要於函式間回傳更複雜的資料，以及在整個應用程式中組織大型資料及其生命期（lifetime），則你得用到動態記憶體，所以需要知道怎樣實作的建議。

第三章

記憶體管理

程式會將某些值存於記憶體中，供之後運用。對於現代程式語言能輕而易舉的程式實作來說，這種功能相當普遍。C++ 程式語言以及其他物件導向程式語言，具有建構式、解構式，可輕易安排定義的位置、配置與清理記憶體的時機。Java 程式語言甚至還有垃圾回收器（garbage collector），確保程式不再使用的記憶體可供他者利用。

相較之下，C 程式設計的特別之處在於程式設計師必須自行管理記憶體。程式設計師得決定是要將變數置於堆疊（stack）、堆積（heap），還是靜態記憶體（static memory）中。此外，程式設計師也要確保堆積的變數，會於事後人為清理，過程並無像解構式或原生垃圾回收器這樣的機制（讓其中某些任務更加容易的機制）。

執行這樣任務的相關指引散落於網際網路各處，如此讓人難以回答類似下列的問題：「該變數應該放在堆疊中還是堆積裡？」為了回答這個問題（及其他問題），本章將說明的模式是：如何在 C 程式中處理記憶體。這些模式提供下列的指引：何時使用堆疊、何時要用堆積、何時清理堆積記憶體以及如何清理。為了更容易掌握這些模式的核心概念，會將所有模式應用於本章示例中。

圖 3-1 概略呈現本章探討的模式以及這些模式彼此的關係，而表 3-1 列出這些模式的摘要。

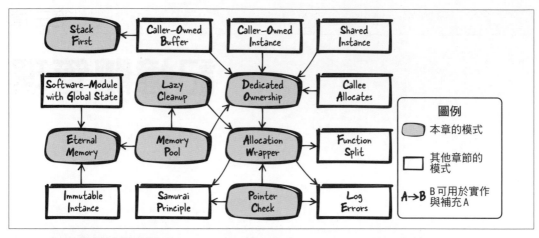

圖 3-1　記憶體管理的模式概觀

表 3-1　記憶體管理的模式

模式	摘要
Stack First	選擇變數儲存處的種類和記憶體區段（堆疊、堆積……），是每位程式計師得經常做的決定。若每個變數的所有利弊折衷，都必須仔細考量的話，那會讓人筋疲力盡。因此，預設的情況是直接將變數置於堆疊中，以取得堆疊變數的自動清理優勢。
Eternal Memory	保留大量資料，而於函式的呼叫之間傳輸這些資料，並非易事，理由是你必須確保儲存資料的記憶體夠大，其生命期可以跨函式的呼叫而延續不絕。因此，將資料放在程式整個生命期間皆可供使用的記憶體中。
Lazy Cleanup	若你需要大量記憶體，但事先不曉得所需的大小為何，則可用動態記憶體。然而，處理動態記憶體的清理作業很棘手，況且是許多程式設計錯誤的根源。因此，配置動態記憶體，讓作業系統於你的程式結束時執行該記憶體的釋放作業。
Dedicated Ownership	動態記憶體的強大功能伴隨著必須妥善清理記憶體的重責大任。在大型程式中，難以確保能夠妥善清理所有的動態記憶體。因此，當你實作記憶體配置時，可以明確定義和記載待清理之處以及負責該作業的執行者。
Allocation Wrapper	動態記憶體的配置並非每次都能成功，你應該檢查程式碼中的配置，如實因應。因為你的程式碼中有諸多之處要做這樣的檢查，所以不好處理。因此，包裝配置和釋放的函式呼叫，並於這些外包函式中實作錯誤處理或另外的記憶體管理組織。

模式	摘要
Pointer Check	存取無效指標的程式設計錯誤會導致不受控制的程式行為，而這類錯誤的除錯不易。然而，因為你的程式碼通常會用到指標，所以很有可能招致此類的程式設計錯誤。因此，明確地讓未初始化或已釋放的指標失去效用，並在存取指標前一律檢查其有效性。
Memory Pool	頻繁地配置與釋放堆積的物件會導致記憶體碎片化（fragmentation）。因此，在程式的整個生命期中保留一大段記憶體。於執行期提取該記憶體集區（memory pool）的固定大小記憶塊（chunk），而非直接配置堆積中的新記憶體。

資料儲存與動態記憶體的問題

C 語言有數個儲存選項可供放置資料：

- 你可以將資料放在堆疊中。堆疊是為每個執行緒所保留的固定大小記憶體（於執行緒建立時配置）。當在此類執行緒中呼叫函式時，會保留堆疊頂端的區塊給函式參數及該函式的自動變數（automatic variable）使用。在函式的呼叫之後，即會自動清理該記憶體。若要將資料放在堆疊中，則僅在會用到這些資料的函式中宣告對應的變數即可。只要未超出變數的作用域（即函式區塊結尾），就可以存取到這些變數：

```
void main()
{
  int my_data;
}
```

- 你可以將資料放入靜態記憶體中。靜態記憶體是固定大小的記憶體，其中的配置邏輯於編譯期已成定局。若要用靜態記憶體，只需將 static 關鍵字置於變數宣告的前頭。在程式的整個生命期中，都可以使用這些變數。這也同樣適用於全域變數（即使無 static 關鍵字也無妨）：

```
int my_global_data;
static int my_fileglobal_data;
void main()
{
  static int my_local_data;
}
```

- 若你的資料是固定大小而且不可變的，則可以直接將該資料擺在程式碼存放之處的靜態記憶體中。不變的字串值通常會以此種方式儲存。在程式的整個生命期內，皆可利用這類資料（即使如下列的範例中，超出該資料指標的作用域也行）：

```
void main()
{
  char* my_string = "Hello World";
}
```

- 你可以在堆積中配置動態記憶體（用於儲存資料）。堆積是可供系統所有程序（process）使用的全域記憶體集區，而且可讓程式設計師隨時對記憶體集區執行配置及釋放作業：

```
void main()
{
  void* my_data = malloc(1000);
  /* 運用已配置的 1000 位元組記憶體 */
  free(my_data);
}
```

配置動態記憶體，容易出錯（被歸咎為起因），而處理其中可能發生的問題，就是本章的重點。在 C 程式中使用動態記憶體會遇到諸多問題（必須解決的問題或至少得考量的問題）。以下概述動態記憶體的主要問題：

- 配置的記憶體必須在之後被釋放。若未釋放已配置的記憶體，則會耗用記憶體或超過所需，而發生所謂的記憶體流失（memory leak）。若經常發生此一情況，且應用程式長時間執行，則終究會耗盡記憶體（無法獲得額外的記憶體）。

- 重複釋放記憶體會有問題，可能導致不可預期的程式行為，相當糟糕的結果。最壞的情況是，在這類失誤所在的該行程式碼當下不會有問題，但在稍後程式可能會當掉。對於這種錯誤，相當難以除錯。

- 嘗試存取已釋放的記憶體也會有問題。可輕易在釋放某記憶體的稍後出錯：對該記憶體的指標取值（dereference），即所謂的懸空指標（dangling pointer）。另外會導致錯誤情況，而這些情況的除錯是棘手的。最好的情況是，程式只會當掉。最壞的情況是，程式不會當掉，而記憶體已供他者存取。使用該記憶體所衍生的相關錯誤將導致安全風險，並可能在往後程式執行期間出現某種難以理解的錯誤。

- 你必須處理已配置資料的生命期和擁有權（ownership）。必須知道誰在何時清理哪些資料，這在 C 語言中可能特別棘手。C++ 可以直接在建構式中為物件配置資料，並於解構式中釋放。搭配 C++ 智慧指標（smart pointer），甚至可以選擇於超出物件作用域時自動清理該物件。然而，因為 C 沒有解構式，所以不可能這樣做。當超出指標作用域，而記憶體應該被清理時，我們並不知道。

- 相較於堆疊記憶體、靜態記憶體的使用，存取堆積記憶體需要較長的時間。由於其他程序使用同一個記憶體集區，所以必須保護堆積記憶體的配置，避免受到競爭情況的影響。如此讓配置速度變慢。因為堆疊記憶體經常被存取，因此其內容較可能已置於快取記憶體或 CPU 暫存器中，所以與堆疊記憶體相較之下，堆積記憶體的存取也比較慢。

- 堆積記憶體的重大議題是，記憶體空間碎片化，如圖 3-2 所示。若你配置記憶體區塊（block）A、區塊 B、區塊 C，而稍後將區塊 B 的空間釋放，則整體可用的堆積記憶體已不再是連續的空間。若你想要配置大塊的記憶體區塊 D，雖然可用的記憶體總量足夠，也得不到該記憶體。無論如何，由於可用的記憶體不是連續的空間，所以 malloc 呼叫會失敗。對於記憶體有限的系統（如嵌入式即時系統），其長時間執行所導致的碎片化是重大的議題。

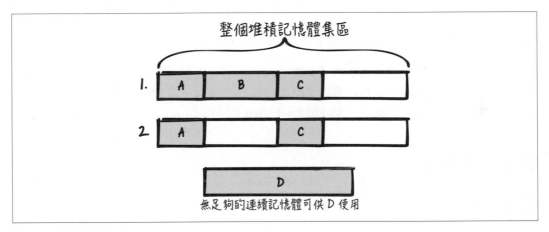

圖 3-2　記憶體碎片化

處理這些議題並不容易。以下各節會用模式逐一說明，不是「如何避免動態配置」，就是「以可接受的方式處置」。

示例

你想實作簡單的程式，用凱撒密碼（Caesar cipher）加密某文字。凱撒密碼將原文字母以另一個字母取代，該字母是字母表目前位置往後移動固定位置數的字母。例如，若固定位置數為 3，則字母 A 會被字母 D 取代。以下開始實作可執行凱撒加密的函式：

```
/* 用固定密鑰 3 執行凱撒加密。
   參數「text」必須全為大寫字母的文字。
   參數「length」則是該文字長度（不含 NULL 結束字元）。 */
void caesar(char* text, int length)
{
  for(int i=0; i<length; i++)
  {
    text[i] = text[i]+3; ❶
    if(text[i] > 'Z')
    {
      text[i] = text[i] - 'Z' + 'A' - 1; ❷
    }
  }
}
```

❶ C 的字元是以數值形式儲存，你可以對一個字元加上一個數值，而將字母表目前位置往後移，以取得新字元。

❷ 若移位超出字母 Z，則重新接著字母表的開頭。

此時你只想檢查你的函式成功與否，為達所求，你需要提供某文字。該函式接受一個字串指標。但你應該把字串儲存在哪裡？應該動態配置儲存，還是應該使用堆疊記憶體儲存呢？你會發現最簡單的解決方案是用 Stack First 儲存字串。

Stack First

情境

你想要在程式中儲存資料，並在之後取用該資料。你事先知道最大的資料量，而該資料量並不大（只占幾個位元組）。

問題

選擇變數儲存處的種類和記憶體區段（堆疊、堆積……），是每位程式計師得經常做的決定。若每個變數的所有利弊折衷，都必須仔細考量的話，那會讓人筋疲力盡。

對於 C 程式的資料儲存來說，有各種可能的做法，其中最常見的是儲存於堆疊、靜態記憶體、動態記憶體中。每種做法各有利弊，要將變數存在哪裡的抉擇非常重要。這會影響到變數的生命期，以及確定要自動清理變數或一定得人為清理變數。

此抉擇也會牽涉你身為程式設計師所需的努力和專業。你想要讓作業盡量輕鬆，因此若你沒有儲存資料的特殊需求，則對於潛在的程式設計錯誤來說，選用配置、釋放、除錯的負擔最少的記憶體類型。

解決方案

預設的情況是直接將變數置於堆疊中，以取得堆疊變數的自動清理優勢。

在程式碼區塊內宣告的所有變數預設為所謂的*自動變數*，這些變數會放在堆疊中，並於程式碼區塊結尾（變數作用域之外）自動清理。可以明確地將變數宣告成自動變數，做法是變數名稱前面加上 auto 儲存類別指定字（specifier），但因為變數預設即為自動變數，所以這樣的描述不多見。

可以將堆疊的記憶體傳給其他函式（例如：用 Caller-Owned Buffer），但要確保不會回傳這類變數的位址。函式結尾（變數作用域之外），會自動清理變數。回傳此類變數的位址將造成懸空指標，存取該指標會導致不可預期的程式行為，可能讓程式當掉。

下列是相當簡單的範例程式，其中堆疊中存有變數：

```
void someCode()
{
  /* 此變數是置於堆疊的自動變數，在函式結尾之後，
     即超出此變數的作用域 */
  int my_variable;

  {
    /* 此變數是於堆疊的自動變數，在此程式碼區塊之後（第一個「}」之後），
       即超出該變數的作用域 */
    int my_array[10];
  }
}
```

可變長度陣列

上述程式碼的陣列大小是固定的。常見的做法是只把編譯期就已知特定尺寸的資料放在堆疊中，但也可能在執行期決定堆疊變數的大小。其中會用 alloca()（非 C 語言標準的內容，若配置過多會導致堆疊溢位）或用可變長度陣列（是一種常規的陣列，其大小由一個變數指定），此為 C99 標準所定的項目。

結果

將資料儲存在堆疊中，可輕易存取該資料。相較於動態配置的記憶體，存取堆疊不需要使用指標。如此可以消弭（與懸空指標相關的）程式設計錯誤風險。此外，也沒有堆積碎片化問題以及記憶體清理更為簡單。這些變數是自動變數，表示會自動清理這些變數。無須人為釋放記憶體，可弭平記憶體流失的風險或不小心重複釋放記憶體。一般而言，只要將變數放在堆疊中，就可以消除與記憶體誤用相關的大部分錯誤（難以除錯的失誤）。

與動態記憶體相比，程式可以非常快速地配置與存取堆疊的資料。就配置來說，不需要採取複雜的資料結構管理可用的記憶體。因為每個執行緒都有自己的堆疊，所以也不需要確保與其他執行緒處於互斥（mutual exclusion）情況。此外，因為經常使用堆疊記憶體，往往會在快取記憶體中保存常用的資料，所以程式通常可以快速存取堆疊資料。

然而，堆疊的缺點是空間有限。相較於堆積記憶體，堆疊空間不大（大小取決於堆疊尺寸相關建置設項，可能只有幾 KB）。若你在堆疊中放置太多資料，會導致堆疊溢位（stack overflow），這樣通常會造成程式當掉。問題是，你不知道還剩下多少記憶體。依你所呼叫之函式已使用的堆疊記憶體量而定，可能只剩下一點點。你必須確保放入堆疊的資料不會太大（須事先知道其尺寸）。

與堆疊緩衝區相關的程式設計錯誤，可能會是主要的安全議題。若你在堆疊造成緩衝區溢位，攻擊者就能輕易利用該溢位覆蓋堆疊的其他資料。若攻擊者設法（在執行該函式之後）覆蓋你程式碼回傳的位址，則攻擊者可以執行他們想要的任何程式碼。

此外，把資料都放在堆疊中也不符合你的所有需求。若你必須將檔案的內容或某網路訊息的緩衝區等大量資料回傳給呼叫者，則不能直接回傳堆疊中某陣列的位址，原因是一旦函式回返，該變數就會被清理。若要回傳大量資料，必須使用其他方法。

已知應用

下列是此模式的應用範例：

- 幾乎每個 C 程式都有資料儲存在堆疊中。因為堆疊為最簡單的解決方案，所以大部分的程式預設在堆疊中儲存內容。

- C 的 auto 儲存類別指定字，將變數指定成自動變數，並置於堆疊中，此為預設的儲存類別指定字（因為這是預設的部分，通常程式碼會省略此指定字）。

- James Noble 和 Charles Weir 在《*Small Memory Software: Patterns for Systems with Limited Memory*》（Addison-Wesley，2000）一書中，以 Memory Allocation 模式描述記憶體放置處的各種選項，你應該選擇最簡單的，即針對 C 程式設計師設置的堆疊。

運用於示例中

嗯！這很簡單。此時你將儲存文字所需的記憶體放置堆疊中，並將該記憶體供給凱撒密碼函式：

```
#define MAX_TEXT_SIZE 64

void encryptCaesarText()
{
  char text[MAX_TEXT_SIZE];
  strlcpy(text, "PLAINTEXT", MAX_TEXT_SIZE);
  caesar(text, strnlen(text, MAX_TEXT_SIZE));
  printf("Encrypted text: %s\n", text);
}
```

這是相當簡單的解決方案。你不必處理動態記憶體配置。因為一旦超出 text 的作用域，就會自動清理該變數，所以你自己不需要清理記憶體。

接著，你要對大量的文字加密。因為此時使用位於堆疊中的記憶體，而堆疊記憶體通常不大，所以採用目前的解決方案並不容易達成所求。依你的平台而定，空間大小可能只有幾 KB。不過，你希望能夠加密大量的文字。不想碰觸到動態記憶體，你決定嘗試使用 Eternal Memory。

Eternal Memory

情境

你有大量的（固定大小的）資料，在程式中需要長時間運用這些資料。

問題

保留大量資料，而於函式的呼叫之間傳輸這些資料，並非易事，理由是你必須確保儲存資料的記憶體夠大，其生命期可以跨函式的呼叫而延續不絕。

使用堆疊的好處是會為你執行所有記憶體清理工作。但將資料擺在堆疊中，並非你的解決方案，堆疊不容許在函式間傳遞大量資料。因為將資料傳給函式表示要複製該資料，所以這也是效能不佳的做法。在程式所需的各處中人為配置記憶體，並於不再需要時立即釋放，這樣的替代方案可行，但會很麻煩，而且容易發生錯誤。尤其是掌握所有資料生命期的全局，了解資料於何處何時被釋放是複雜的任務。

若你在安全關鍵應用程式這種環境中作業，必須確保有可用的記憶體，則使用堆疊記憶體或動態記憶體皆非好解法，理由是兩者都可能讓記憶體用盡，並且事先不易知悉這情況。而在其他應用程式中，也可能有你想要確保不會用盡記憶體的部分程式碼。例如，針對錯誤記錄程式碼，你絕對要確保所需的記憶體可供使用，否則就不能參考相關記錄資訊，這會讓錯誤的查明變得困難。

解決方案

將資料放在程式整個生命期間皆可供使用的記憶體中。

最常見的做法是用靜態記憶體。不是用 static 儲存類別指定字標示變數，就是（若你要讓變數具有較大作用域的話）要在函式之外宣告變數（但僅在你真的需要較大作用域時才這樣做）。靜態記憶體會在程式啟動時配置，並在程式的整個生命期間都可以使用。下列是與上述相關的範例程式：

```
#define ARRAY_SIZE 1024

int global_array[ARRAY_SIZE]; /* 靜態記憶體中的變數，作用域為全域 */
static int file_global_array[ARRAY_SIZE]; /* 靜態記憶體中的變數，
                                    作用域僅限於該檔案內 */

void someCode()
{
```

```
        static int local_array[ARRAY_SIZE]; /* 靜態記憶體中的變數,
                                               作用域為該函式內 */
    }
```

就靜態變數的替代方案而言,程式啟動時,你可以呼叫初始化函式配置記憶體,並在程式結尾呼叫解初始化(deinitialization)函式,釋放該記憶體。如此一來,也能在程式的整個生命期間皆有記憶可供使用,但你必須處理配置與釋放作業。

無論你是在程式啟動時自行配置記憶體,或是使用靜態記憶體,存取此記憶體時都要小心。由於這並非堆疊記憶體,所以執行緒並無各自的記憶體副本。就多執行緒的情況來說,存取該記憶體時,必須使用同步(synchronization)機制。

你的資料已固定大小。相較於執行期動態配置的記憶體,你不能在執行期變更 Eternal Memory 的大小。

結果

你不必在意生命期,也不用擔心人為配置之記憶體的確切位置。規則很簡單:讓記憶體留存於整個程式中。使用靜態記憶體甚至可以減輕配置作業、釋放作業的整體負擔。

此時,你可以將大量資料儲存在該記憶體中,甚至傳給其他函式。與 Stack First 相比,目前你甚至可以提供資料給你的函式呼叫者。

然而,你必須在編譯期,或最晚在程式啟動前,確認需要多少記憶體,才能在程式啟動時配置記憶體。對於大小未知的記憶體或在執行期擴充記憶體,Eternal Memory 並非最好的選項,應該改用堆積記憶體。

使用 Eternal Memory 的話,因為當下得配置所有的記憶體,所以啟動程式將需要較長的時間。不過,一旦有了此記憶體,就有既得利益,執行期間不再需要配置作業。

配置與存取靜態記憶體,不需要作業系統或執行期環境所維護的複雜資料結構(管理堆積之用)。因此,可以更有效率的運用記憶體。Eternal Memory 的另一個重要好處是:因為你不會一直都在配置與釋放記憶體,所以不會像堆積一樣碎片化。但沒有這樣頻繁作業的缺點是,會讓記憶體因占用而堵塞(視你的應用程式而定,可能並非一直都有記憶體的存取需求)。協助避免記憶體碎片化,有較彈性的解決方案——Memory Pool。

Eternal Memory 的問題是,對於每個執行緒(若使用靜態變數的話),並無資料副本。因此,你必須確保同時不能讓多個執行緒存取該記憶體。不過,就 Immutable Instance 的特殊情況下,這不是什麼大問題。

已知應用

下列是此模式的應用範例：

- 電玩 NetHack 使用靜態變數儲存遊戲整個生命期間所需要的資料。例如，遊戲中找到的神器資訊，會被儲存在 artifact_names 靜態陣列中。

- Wireshark 網路監聽工具的程式碼在其 cf_open_error_message 函式中使用靜態緩衝區，儲存錯誤訊息資訊。一般而言，許多程式會為錯誤記錄功能，使用靜態記憶體或程式啟動時配置的記憶體。原因是發生錯誤時，要確保至少這個部分可運作，而不會把記憶體用光。

- OpenSSL 程式碼使用 OSSL_STORE_str_reasons 靜態陣列保存下列的相關錯誤資訊：在使用憑證時可能發生的錯誤情況。

運用於示例中

你的程式碼幾乎沒有變動。唯一不同之處是在 text 變數宣告的前面加上 static 關鍵字，以及增加文字的大小：

```
#define MAX_TEXT_SIZE 1024

void encryptCaesarText()
{
  static char text[MAX_TEXT_SIZE];
  strlcpy(text, "LARGETEXTTHATCOULDBETHOUSANDCHARACTERSLONG", MAX_TEXT_SIZE);
  caesar(text, strnlen(text, MAX_TEXT_SIZE));
  printf("Encrypted text: %s\n", text);
}
```

此時，你的文字不是儲存在堆疊中，而是位於靜態記憶體中。切記，採用這種做法，也就表示變數只有一份，且持續保存內容值（即使多次進入函式仍保有之前的變數值）。對於多執行緒系統而言，這可能會有問題，即在存取變數時，必須確保有互斥機制。

目前不在多執行緒系統中。然而，系統需求有變更：此時，你希望能夠讀取檔案的文字、對該文字加密、顯示已加密的文字。你不知道文字會有多長（可能會很長）。因此，你決定用動態配置：

```
void encryptCaesarText()
{
  /* 開啟檔案（為程式碼簡單起見，省略錯誤處理）*/
  FILE* f = fopen("my-file.txt", "r");
```

```
    /* 取得檔案長度 */
    fseek(f, 0, SEEK_END);
    int size = ftell(f);

    /* 配置緩衝區 */
    char* text = malloc(size);

    ...
}
```

但此程式碼的後續為何呢？你已在堆積中配置文字。而你如何清理記憶體呢？就第一步來說，你發覺清理記憶體可由他者全權代勞：作業系統。所以你要用 Lazy Cleanup。

Lazy Cleanup

情境

你想要在程式中儲存資料，而該資料很大（甚至你事先可能不曉得資料的大小）。執行期間資料的大小並不會經常變更，而幾乎在程式的整個生命期中都需要這個資料。你的程式執行時間不長（無重啟的情況下，執行時間不會超過數天）。

問題

若你需要大量記憶體，但事先不曉得所需的大小為何，則可用動態記憶體。然而，處理動態記憶體的清理作業很棘手，況且是許多程式設計錯誤的根源。

在許多情況下——例如，若有大小未知的大量資料——你不能將資料放在堆疊或靜態記憶體中。因此必須使用動態記憶體（處理配置）。目前的問題是如何清理資料。清理作業是程式設計錯誤的主要起因。你可能會不小心而提早釋放記憶體，造成懸空指標。你可能不經意地重複釋放同一個記憶體。這兩種程式設計錯誤都可能導致不可預期的程式行為，例如，在稍後讓程式當掉。這種錯誤的除錯不易，C 程式設計師對於排除這樣的情況，耗費太多的時間。

幸好，大多數的記憶體類型都帶有某種自動清理的功能。堆疊記憶體於函式回返時會自動被清理。靜態記憶體和堆積記憶體於程式結束時會自動被清理。

解決方案

配置動態記憶體，讓作業系統於你的程式結束時執行該記憶體的釋放作業。

當你的程式結束而作業系統清理你的執行程序時，大部分的現代作業系統也會清理該程式配置而尚未釋放的所有記憶體。藉此讓作業系統負責完整的工作，追蹤待清理的記憶體，並確實清理，如下列程式碼所示：

```
void someCode()
{
  char* memory = malloc(size);
  ...
  /* 記憶體的運用作業 */
  ...
  /* 不用管記憶體的釋放 */
}
```

這種做法乍看之下很粗劣。你刻意造成記憶體流失。然而，這就是你也會在（有垃圾回收器的）其他程式語言中採用的編程風格。你甚至可以在 C 中引入某垃圾回收器函式庫，利用有自動記憶體清理優勢的編程風格（當然會有不太能預測時間行為的缺點）。

對於某些應用程式而言，尤其是執行時間不長且不會經常做配置作業的應用程式，刻意讓記憶體流失可能是一種做法。但對於其他應用程式來說，這並不可行，你需要用記憶體的 Dedicated Ownership，同時也要處理其釋放作業。若你之前有用 Lazy Cleanup，則記憶體的簡單清理方式是用 Allocation Wrapper，然後用一個函式，在程式結束時清理已配置的所有記憶體。

結果

其中的顯著優點是，你可以因利用動態記憶體而得到好處，卻不必處理記憶體的釋放。這使得程式設計師的作業較為輕鬆。另外，你也不會浪費記憶體釋放處理的時間，而這可以讓程式關閉程序的速度加快。

然而，這會牽扯其他執行程序的成本，該程序可能需要你的程式尚未釋放的記憶體。而你甚至可能無法自行配置新的記憶體（剩餘的空間不足以配置，而你也沒有釋放可以釋放的記憶體）。尤其是你經常執行配置作業的話，這會是一個重要問題，對你來說，不清理記憶體並非是好的解決方案。你應該改用 Dedicate Ownership 並釋放記憶體。

利用此模式，你要接受刻意造成的記憶體流失，確實地認可這個情況。雖然這對你來說可能沒差，但對呼叫你函式的其他人而言可能不行。若你編寫的函式庫可供他人使用，則在該程式碼中發生記憶體流失將是不可取的做法。此外，若你自己想要在程式碼的其他部分維持無瑕，例如，使用記憶體除錯工具（如 *valgrind*）偵測記憶體流失，則在解讀該工具的結果時（若你程式的某部分是雜亂的，也無釋放相關記憶體的話），會有問題。

此模式很容易被當作不執行妥善記憶體清理作業的藉口（即使在應該為之的情況下也很容易就範）。因此，你應該多加檢查是否真的處於刻意不需要釋放記憶體的情境中。若你的程式之後可能會演變，並且得要清理記憶體，則為了起初就能夠妥善清理記憶體，最好不要先用 Lazy Cleanup，而是改用 Dedicated Ownership。

已知應用

下列是此模式的應用範例：

- 在某些情況下，Wireshark 的 `pcap_free_datalinks` 函式會刻意不釋放所有記憶體。原因是可能已用別的編譯器和另外的 C 執行期函式庫建置 Wireshark 程式的部分程式碼。釋放由此種程式碼所配置的記憶體可能會導致程式當掉。因此顯然不會釋放該記憶體。

- B&R 公司的 Automation Runtime 作業系統中，裝置驅動程式通常沒有解初始化的功能。因為這些驅動程式從未在執行期卸載，所以其配置的所有記憶體始終不會被釋放。若要用其他驅動程式，則整個系統會重新啟動。如此顯然不會釋放記憶體。

- NetDRMS 資料管理系統的程式碼，用於儲存太陽影像供科學處理之用，但在錯誤情況下，顯然不會釋放所有記憶體。例如，若發生錯誤，則 `EmptyDir` 函式不會清理檔案存取相關的所有記憶體或其他資源，原因是這種錯誤會導致更嚴重的錯誤而且會中止程式執行。

- 使用垃圾回收函式庫的 C 程式碼都會運用此模式，並以明確的垃圾回收克服記憶體流失的缺點。

運用於示例中

在你的程式碼中，直接移除所有的 `free` 函式呼叫即可。此外，你還重組程式碼，用個別的函式實作檔案存取功能：

```
/* 就給定的「filename」回傳該檔案的長度 */
int getFileLength(char* filename)
{
  FILE* f = fopen(filename, "r");
  fseek(f, 0, SEEK_END);
  int file_length = ftell(f);
  fclose(f);
  return file_length;
}
```

```
/* 將指定的「filename」的檔案內容存於給定的「buffer」中
   （該緩衝區的大小至少為「file_length」）。該檔案必須只含大寫字母，
   字母間無換行字元（即為 caesar 函式接納的輸入項目）。 */
void readFileContent(char* filename, char* buffer, int file_length)
{
  FILE* f = fopen(filename, "r");
  fseek(f, 0, SEEK_SET);
  int read_elements = fread(buffer, 1, file_length, f);
  buffer[read_elements] = '\0';
  fclose(f);
}

void encryptCaesarFile()
{
  char* text;
  int size = getFileLength("my-file.txt");
  if(size>0)
  {
    text = malloc(size);
    readFileContent("my-file.txt", text, size);
    caesar(text, strnlen(text, size));
    printf("Encrypted text: %s\n", text);
    /* 在此不用釋放記憶體 */
  }
}
```

你會配置記憶體，但不會呼叫 free 釋放該記憶體。反而是超出該記憶體指標的作用域，導致記憶體流失。然而，因為你的程式隨後立即結束，而作業系統會清理該記憶體，所以這不會有問題。

這種做法似乎不太妥善，但就少數情況來說，是完全可以接受的方式。若你在程式的整個生命期間都需要該記憶體，或者程式的執行時間不長，而且你確定自己的程式碼不會演變或於他處再用，則根本不必清理該記憶體，這可能是一種解決方案（讓你的作業較簡單的解決方案）。不過，你得非常小心，你的程式不會演變而讓執行時間變長。若是這樣的話，你就得另覓解法。

這正是你接下來要做的。你想要加密多個檔案。希望加密當前目錄的所有檔案。你很快就會明白，必須很頻繁地執行配置作業，在此期間已不能選擇「不釋放任何記憶體」，原因是你會用掉大量記憶體。對於相關程式而言，這可能會有問題。

問題在於記憶體該被釋放的程式碼所在。誰負責執行？你當然要用 Dedicated Ownership。

Dedicated Ownership

情境

你的程式有大量資料，之前並不知其大小，其中使用動態記憶體儲存該資料。程式的整個生命期間，你不需要該記憶體，但必須經常配置各種大小的記憶體，因此你不能用 Lazy Cleanup。

問題

動態記憶體的強大功能伴隨著必須妥善清理記憶體的重責大任。在大型程式中，難以確保能夠妥善清理所有的動態記憶體。

清理動態記憶體時，存在諸多陷阱。你可能太早清理，隨後的他者還想存取該記憶體（成了懸空指標）。或者你可能不小心過於頻繁地釋放該記憶體。這兩種程式設計錯誤都會造成不可預期的程式行為，譬如在稍後讓程式當掉，而這些錯誤是安全議題，可能會被攻擊者拿來利用。此外，這種錯誤的除錯不易。

但你還是得清理記憶體，若你只顧著配置新記憶體而不管釋放作業，則隨著時間增加，會用掉相當多的記憶體。而你的程式或其他程序將會有記憶體不足的情況。

解決方案

當你實作記憶體配置時，可以明確定義和記載待清理之處以及負責該作業的執行者。

應該在程式碼中明確記載：何者擁有記憶體以及效期多長。最好的情況就是，編寫第一個 malloc 之前，你應該先問問自己，將在何處釋放該記憶體。你也應該在函式宣告中編寫一些註解，明確描述記憶體緩衝區是否由該函式傳遞下去，若是的話，表明由誰負責清理之。

在其他程式語言中，例如 C++，可以選擇以程式碼構件記載此內容。例如 unique_ptr、shared_ptr 等指標構件，可讓你從函式宣告得知由誰負責清理記憶體。因為 C 沒有這種構件，所以需要額外處理，以程式碼註解形式記載這項職責。

若可以的話，讓配置與釋放作業由同一個函式處理，就如同使用 Object-Based Error Handling 一樣，針對配置作業與釋放作業，程式碼中只有一處會呼叫「類建構式」（配置函式）與「類解構式」（釋放函式）：

```
#define DATA_SIZE 1024
void function()
{
  char* memory = malloc(DATA_SIZE);
  /* 運用記憶體 */
  free(memory);
}
```

若配置任務和釋放任務散落在程式碼各處，而記憶體擁有權移轉，則情況會變得複雜。
在某些情況下，這將是必要的做法，例如，若只有配置函式知道資料的大小，而其他函
式需要資料時：

```
/* 配置並回傳必須由呼叫者釋放的緩衝區 */
char* functionA()
{
  char* memory = malloc(data_size); ❶
  /* 填寫記憶體的內容 */
  return memory;
}

void functionB()
{
  char* memory = functionA();
  /* 運用記憶體 */
  free(memory); ❷
}
```

❶ 被呼叫者配置某記憶體。

❷ 呼叫者負責清理該記憶體。

若可行的話，不要將配置任務和釋放任務擺在不同的函式中。不過無論如何，記載負責
清理者，讓事態更加明朗。

關於記憶體擁有權的特定情況，有更多相關描述的模式是 Caller-Owned Buffer、Caller-
Owned Instance，其中呼叫者負責配置與釋放記憶體。

結果

最後，你可以配置記憶體並妥善處理其清理作業。如此賦予處理彈性。你可以暫時用堆
積中的大量記憶體，並於稍後讓他者使用該記憶體。

但是，這個好處顯然要付出額外的成本。你必須清理記憶體，如此讓你的程式設計更加
棘手。就算有 Dedicated Ownership，也可能發生記憶體相關的程式設計錯誤，並導致難

以除錯的情況。此外，釋放記憶也需要一些時間。明確記載何處要清理記憶體，可避免其中某些錯誤的發生，通常也會讓程式碼更容易理解與維護。為了防止更多記憶體相關程式設計錯誤的發生，你也可以用 Allocation Wrapper、Pointer Check。

就動態記憶體的配置與釋放而言，會出現的問題是：堆積碎片化而讓配置、存取記憶體的時間增加。對於某些應用程式而言，這也許根本不是議題，但對於其他應用程式來說，這些問題非常嚴重。因此，可用 Memory Pool。

已知應用

下列是此模式的應用範例：

- Kamran Amini 在《*Extreme C*》（Packt，2019）一書中表示，配置記憶體的函式功能也應負責釋放該記憶體，而擁有記憶體的函式、物件，應以註解記載之。當然，對於外包函式，這個概念也適用。而呼叫配置外包式的函式應該也要呼叫清理外包式。

- MATLAB 數值運算環境的 mexFunction 函式實作，明確記載擁有的（負責釋放的）記憶體。

- 電玩 NetHack 明確記載函式的呼叫者（必須負責釋放某記憶體的呼叫者）。例如，nh_compose_ascii_screen 函式配置並回傳一個字串，而該字串必須由呼叫者釋放。

- Wireshark 的「Community ID flow hashes」解析器清楚記載該由誰負責其函式的記憶體釋放作業。例如，communityid_calc 函式會配置某記憶體，並要求呼叫者釋放該記憶體。

運用於示例中

encryptCaesarFile 的主要功能沒有改變。唯一的差別是，此時另外呼叫 free 釋放記憶體，目前已在程式碼註解中清楚記載誰負責清除哪個記憶體。此外，也已實作 encryptDirectoryContent 函式，對當前工作目錄的所有檔案加密：

```
/* 對於給定的「filename」檔案，此函式會讀取該檔的文字，
   並顯示對應的凱撒加密文字。此函式負責配置及釋放需求的緩衝區
   （儲存該檔案內容之用的緩衝區） */
void encryptCaesarFile(char* filename)
{
  char* text;
  int size = getFileLength(filename);
  if(size>0)
  {
```

```
        text = malloc(size);
        readFileContent(filename, text, size);
        caesar(text, strnlen(text, size));
        printf("Encrypted text: %s\n", text);
        free(text);
    }
}

/* 針對當前目錄的所有檔案，此函式可讀取其中各個檔案的文字，
   並顯示對應的凱薩加密文字。 */
void encryptDirectoryContent()
{
    struct dirent *directory_entry;
    DIR *directory = opendir(".");
    while ((directory_entry = readdir(directory)) != NULL)
    {
        encryptCaesarFile(directory_entry->d_name);
    }
    closedir(directory);
}
```

此程式碼會顯示當前目錄中所有檔案的「凱撒」加密內容。注意，該程式碼只適用於 UNIX 系統，而且為了簡單起見，若目錄中的檔案無預期內容，並不會實作對應的錯誤處理因應。

此時，當不再需要記憶體時，也會清理之。注意，程式在執行期間需求的所有記憶體並非同時配置的。在整個程式中，記憶體配置最多的時候，是每個檔案需求的記憶體。這使得程式所需的記憶體占用量大幅減少，特別是目錄含有許多檔案的時候。

前述的程式碼不負責做錯誤處理。例如，若沒有多餘的記憶體可用時，會怎樣呢？該程式直接當掉。你希望對這類情況執行某種錯誤處理，不過在配置記憶體時，處處檢查 `malloc` 回傳的指標，可能會很麻煩。這時你需要用 Allocation Wrapper。

Allocation Wrapper

情境

你在程式碼中的多個位置配置動態記憶體，並想要對錯誤情況（例如記憶體不足）做出反應。

問題

動態記憶體的配置並非每次都能成功，你應該檢查程式碼中的配置，如實因應。因為你的程式碼中有諸多之處要做這樣的檢查，所以不好處理。

若無需求的記憶體可用，malloc 函式會回傳 NULL。一方面，若沒有記憶體可用，會存取到 NULL 指標，而不檢查 malloc 的回傳值，則會導致程式當掉。另一方面，在配置處逐一檢查回傳值，則會讓程式碼更加複雜，因而令人難以閱讀及維護。

若你的程式庫（codebase）遍布這樣的檢查，而之後因為配置錯誤想要變更程式行為，則你必須動到相關多處的程式碼。此外，對現有函式加入錯誤檢查也違反單一職責原則，即一個函式應該只負責一件事（而不是配置作業連同程式邏輯之類的多件事）。

另外，若你要在稍後變更配置方式，或許可以明確初始化所有已配置的記憶體，而遍布在程式碼中的諸多配置函式呼叫會讓程式碼變得複雜。

解決方案

包裝配置和釋放的函式呼叫，並於這些外包函式中實作錯誤處理或另外的記憶體管理組織。

實作 malloc、free 呼叫的外包函式，而針對記憶體配置與釋放，只會呼叫這些外包函式。於外包函式中，你可以在集中處實作錯誤處理。例如，你可以檢查已配置的指標（參閱〈Pointer Check〉一節），若發生錯誤，則會中止程式執行，如下列程式碼所示：

```
void* checkedMalloc(size_t size)
{
  void* pointer = malloc(size);
  assert(pointer);
  return pointer;
}

#define DATA_SIZE 1024
void someFunction()
{
  char* memory = checkedMalloc(DATA_SIZE);
  /* 運用記憶體 */
  free(memory);
}
```

對於中止程式執行的替代方案，你可以用 Log Errors。為了記錄除錯資訊，使用巨集（而非外包函式），可以讓作業更容易。而你可以毫不費力地為呼叫者記錄發生錯誤的相關資訊：檔名、函式名或錯誤行數。有了這些資訊，程式設計師可輕易找出錯誤發生所在的程式碼部分。此外，以巨集替代外包函式可以省掉附加的外包函式呼叫（不過就大部分情況來說，這不重要，或者編譯器無論如何都會內嵌該函式）。以巨集配置和釋放記憶體，你甚至可以建置類建構式語法：

```c
#define NEW(object, type)                     \
do {                                          \
  object = malloc(sizeof(type));              \
  if(!object)                                 \
  {                                           \
    printf("Malloc Error: %s\n", __func__);   \
    assert(false);                            \
  }                                           \
} while (0)

#define DELETE(object) free(object)


typedef struct{
  int x;
  int y;
}MyStruct;

void someFunction()
{
  MyStruct* myObject;
  NEW(myObject, MyStruct);
  /* 運用物件 */
  DELETE(myObject);
}
```

除了在外包函式中處理錯誤情況，你也可以做其他事情。例如，可以追蹤程式所配置的記憶體，並將該資訊搭配程式碼的檔案、行號一起儲存成串（就此也需要 free 外包式，如前述範例所示）。若你要查看目前配置的記憶體（以及你可能忘了釋放的記憶體），則這種方式可以輕易顯示除錯資訊。不過若你正在尋找這樣的資訊，也可以直接使用像 valgrind 這樣的記憶體除錯工具。此外，藉由追蹤所配置的記憶體，你可以實作釋放所有記憶體的函式——若你先前用 Lazy Cleanup，這可能是讓程式無瑕的做法。

將所有內容都放在一個地方，並非始終適用。也許應用程式中的某些非關鍵部分，在發生配置錯誤時，你不希望整個應用程式被迫中止。就此，可利用多個 Allocation Wrapper 協助處理。其中一個外包式仍然可判斷（斷言）錯誤，並用於應用程式運作所需的強制關鍵配置。對於應用程式非關鍵部分，另一個外包式可能針對錯誤用 Return Status Codes，進而能夠妥善處理錯誤情況。

結果

目前的錯誤處理及其他記憶體處理位於集中處。於程式碼中需要配置記憶體的位置，此時你只需呼叫外包式，就不用在程式碼的該處明確處理錯誤。但這僅適用於某些類型的錯誤處理。若在發生錯誤時中止程式執行，則其成效相當不錯，但若你用降級的（degraded）功能讓程式持續運作以對錯誤做反應，則仍然必須回傳外包式的某些錯誤資訊，並對其做出反應。為此用 Allocation Wrapper 並不會比較好。然而，在這種情境下，外包式仍可能實作某記錄功能，以改善這樣的情況。

外包函式因為有個集中處可變更記憶體配置函式的行為，所以具有測試優勢。此外，你還可以仿效外包式（用其他測試函式取代外包式呼叫），同時也不會影響到其他的 malloc 呼叫（可能來自第三方程式碼）。

因為呼叫者不會試著在處理其他程式設計邏輯的程式碼內，直接實作錯誤處理，所以用外包函式將錯誤處理的部分與呼叫的程式碼分隔，是不錯的做法。單一函式做多件事（程式邏輯、多樣的錯誤處理），違反單一職責原則。

用 Allocation Wrapper 可讓你一貫地處理配置錯誤，而在稍後變更錯誤處理行為或記憶體配置行為時，會比較容易。若你決定記錄其他資訊，則只要更動程式碼的某處。若你之後決定不直接呼叫 malloc，而要改用 Memory Pool，則有外包式會比較容易實現。

已知應用

下列是此模式的應用範例：

- David R. Hanson 在《*C Interfaces and Implementations*》（Addison-Wesley，1996）一書中對於 Memory Pool 的實作，使用外包函式配置記憶體。當發生錯誤時，外包式直接呼叫 assert 中止程式執行。

- GLib 於其他記憶體相關函式中有 g_malloc、g_free 兩函式。使用 g_malloc 的好處是，在發生錯誤時，會中止程式執行（Samurai Principle）。因此，呼叫者不需要檢查每個（配置記憶體的）函式呼叫的回傳值。

- 即時 web 記錄分析工具 GoAccess 會實作 xmalloc 函式（包裝 malloc 呼叫及某錯誤處理）。

- Allocation Wrapper 是 Decorator 模式的應用，Erich Gamma、Richard Helm、Ralph Johnson、John Vlissides 在《*Design Patterns: Elements of Reusable Object-Oriented Software*》（Prentice Hall，1997）一書中描述與其相關的內容。

運用於示例中

此時未在程式碼中直接呼叫 malloc、free，而是用外包函式：

```
/* 配置記憶體並判斷（斷言）是否無記憶體可用 */
void* safeMalloc(size_t size)
{
  void* pointer = malloc(size);
  assert(pointer); ❶
  return pointer;
}


/* 釋放給定的「pointer」所指的記憶體 */
void safeFree(void *pointer)
{
  free(pointer);
}


/* 對於給定的「filename」檔案，此函式會讀取該檔的文字，並顯示對應的凱撒加密文字。
   此函式負責配置及釋放需求的緩衝區
   （儲存該檔案內容之用的緩衝區） */
void encryptCaesarFile(char* filename)
{
  char* text;
  int size = getFileLength(filename);
  if(size>0)
  {
    text = safeMalloc(size);
    readFileContent(filename, text, size);
    caesar(text, strnlen(text, size));
    printf("Encrypted text: %s\n", text);
    safeFree(text);
  }
}
```

❶ 若配置失敗，則用 Samurai Principle，中止該程式執行。對於這樣的應用程式而言，此為有用的做法。若你無法妥善處理錯誤，則直接中止程式是可行的，是正確的決定。

使用 Allocation Wrapper 的優勢是具有處理配置錯誤的集中處。程式碼的每個配置之後，不需要為了檢查對應的指標而撰寫多行程式碼。你還有個外包式用於釋放程式碼，譬如若你決定要追蹤應用程式目前已配置的記憶體，則這可能是之後會派上用場的程式碼。

配置之後，你可檢查提取的指標是否有效。隨後，不用再檢查指標是否有效，而你也相信跨函式邊界所收到的指標是有效的。只要不出現程式設計錯誤，就妥當了，不過若不慎存取到無效指標，就會是難以除錯的情況。為了改進程式碼及安全起見，你決定用 Pointer Check。

Pointer Check

情境

你的程式有多處會配置、釋放記憶體，以及多處用指標存取記憶體或其他資源。

問題

存取無效指標的程式設計錯誤會導致不受控制的程式行為，而這類錯誤的除錯不易。然而，因為你的程式碼通常會用到指標，所以很有可能招致此類的程式設計錯誤。

C 程式設計需要時常與指標為伍，而你在程式碼中運用指標的地方越多，可能造成程式設計錯誤的地方就越多。使用已釋放的指標或使用未初始化的指標，會導致難以除錯的錯誤情況。

這種錯誤情況都會非常嚴重。乃造成不受控制的程式行為以及（若幸運的話）程式當掉。若運氣不好，則終究會在程式執行期間稍晚的時候發生錯誤，而這會讓你花一週的時間查明與除錯。你希望程式遇到這種錯誤能更加穩健。你想要讓這樣的錯誤變得不那麼嚴重，並可在你的程式執行時遇到此種錯誤情況，能輕易找出個中原因。

解決方案

明確地讓未初始化或已釋放的指標失去效用，並在存取指標前一律檢查其有效性。

在變數宣告之處，將指標變數明確設為 NULL。另外，於呼叫 free 之後，立刻將這些變數明確設為 NULL。若你用的 Allocation Wrapper 以巨集包裝 free 函式，則可以在巨集內直接將指標設為 NULL，進而省掉每個釋放作業處讓指標失效的額外幾行程式碼。

有個外包函式或巨集用於檢查指標是否為 NULL，若是 NULL 指標，則會中止程式執行，以及用 Log Errors 獲得某些除錯資訊。若中止程式執行不可行，則就 NULL 指標的情況，你可以不要執行指標存取，而試著妥善處理錯誤。這可讓你的程式持續使用降級的功能，如下列程式碼所示：

```
void someFunction()
{
  char* pointer = NULL; /* 明確地讓未初始化的指標失效 */
  pointer = malloc(1024);

  if (pointer != NULL) /* 存取指標之前先檢查其有效性 */
  {
    /* 運用指標 */
  }

  free(pointer);
  pointer = NULL; /* 明確地讓已釋放之記憶體的指標失效 */
}
```

結果

對於指標相關的程式設計錯誤，你的程式碼稍微多點防護。這樣的錯誤可被識別，而且不會導致不可預期的程式行為，就可以節省除錯所付出的時間。

然而，這需要付出代價的。你的程式碼會變長、變複雜。在此應用的策略如同採取雙重保險。為了更安全而做了一些附加工作。你可以針對每個指標存取做另外的檢查。這會造就難以閱讀的程式碼。為了在存取指標之前先檢查指標有效性，你至少要用額外的一行程式碼。若你不中止程式執行，而是持續使用降級的功能運作，則你的程式將更難閱讀、維護、測試。

若你不經意地對某個指標多次呼叫 free，則因為首次呼叫之後會讓該指標失去作用，而隨後對這個 NULL 指標再次呼叫 free 並無大礙，所以第二次呼叫不會造成錯誤情況。不過，你仍可以像這樣用 Log Errors，找出錯誤的主因。

但儘管如此，也不能完全避免各種指標相關錯誤的情況。例如，你可能忘記釋放某些記憶體，而導致記憶體流失。或者，可能存取未正確初始化的指標，但至少你會發現，並做出相對的反應。在此可能有個缺點：若你決定將程式功能適當降級並持續執行，則可能會讓錯誤情況不明確，而後續難以發現到。

已知應用

下列是此模式的應用範例：

- C++ 智慧指標的實作，於釋放智慧指標時，會讓外包的原始指標失效。

- Cloudy 是做（頻譜合成）物理計算的程式。其中包含（Gaunt 因子）資料內插計算程式碼。此程式會在存取這些指標之前檢查其有效性，並於呼叫 free 之後，將指標明確設為 NULL。

- GNU Compiler Collection（GCC）的 libcpp 在釋放記憶體之後，會讓其指標失效。例如，*macro.c* 實作檔的指標會這樣做。

- MySQL 資料庫管理系統的 HB_GARBAGE_FUNC 函式將 ph 指標設為 NULL，以避免之後不經意地存取或多次釋放該指標。

運用於示例中

此時你會有下列的程式碼：

```
/* 對於給定的「filename」檔案，此函式會讀取該檔的文字，並顯示對應的凱撒加密文字。
   此函式負責配置及釋放需求的緩衝區（儲存該檔案內容之用的緩衝區） */
void encryptCaesarFile(char* filename)
{
  char* text = NULL; ❶
  int size = getFileLength(filename);
  if(size>0)
  {
    text = safeMalloc(size);
    if(text != NULL) ❷
    {
      readFileContent(filename, text, size);
      caesar(text, strnlen(text, size));
      printf("Encrypted text: %s\n", text);
    }
    safeFree(text);
    text = NULL; ❶
  }
}
```

❶ 為了安全起見——於指標無效之處，明確將其設為 NULL。

❷ 存取 text 指標之前，先檢查該指標是否有效。若無效，則不使用這個指標（不對它取值）。

Linux 超額配置

注意，具備有效的記憶體指標，並非就表示你可以安全存取對應的記憶體。現代的 Linux 系統會使用超額配置（*overcommit*）原則。此原則會將虛擬記憶體提供給配置的程式，但此虛擬記憶體與實體記憶體無直接對應關係。當存取記憶體時，將檢查需求的實體記憶體是否可供使用。若沒有足夠的實體記憶體可用，Linux 核心會關閉耗用大量記憶體的應用程式（而這可能是你的應用程式）。超額配置帶來的好處是，不用著重於檢查配置是否有效（因為通常會是有效的），而且即使你只需要一點點，也可以為了安全起見配置大量記憶體。不過超額配置也有蠻大的缺點，即使是有效的指標，你始終無法確定你的記憶體存取能夠成功，不會讓程式當掉。另一個缺點是，你可能疏於檢查配置回傳值，以及懶得依實際需求計算和配置剛好的記憶體量。

接著，除了加密文字，你還要顯示凱撒加密的檔名。因為重複配置小的記憶塊（存檔案名稱）和大的記憶塊（存檔案內容），你怕造成記憶體碎片化，所以決定不直接在堆積中配置所需的記憶體。你不直接配置動態記憶體，而是實作 Memory Pool。

Memory Pool

情境

你經常在程式中為尺寸大致相同的元素，配置及釋放堆積的動態記憶體。你不知道程式編譯期或啟動時，究竟何處與何時需要這些元素。

問題

頻繁地配置及釋放堆積的物件會導致記憶體碎片化。

當配置物件（尤其是大小變化無常的物件），同時還要釋放其中某些物件時，堆積記憶體因而碎片化。即使程式碼中的這些配置大小差不多，也可能與平行執行的其他程式的配置混合，而最終會呈現尺寸懸殊與碎片化的配置。

僅在有足夠可用的連續記憶體時，malloc 函式才能作業成功。這表示即使有足夠可用的記憶體，若記憶體呈碎片化，而且可用的連續記憶塊並無所需的大小，malloc 函式可能會失敗。記憶體碎片化表示並無妥善運用記憶體。

碎片化是長時執行系統的（如大部分嵌入式系統的）重大議題。若系統運作長達數年，而配置與釋放諸多小的記憶塊，則將無法再配置較大的記憶塊。這表示，若你不讓系統三不五時的重新啟動，則一定得處理這類系統的碎片化問題。

動態記憶體另一個問題是（尤其是與嵌入式系統結合運用時），堆積記憶體的配置需要一些時間。其他程序試著使用同一個堆積，因此配置必須互鎖（interlocked），而會相當難預測其中所需的時間。

解決方案

在程式的整個生命期中保留一大段記憶體。於執行期提取該記憶體集區的固定大小記憶塊，而非直接配置堆積中的新記憶體。

記憶體集區可以置於靜態記憶體中；也可以在程式啟動時從堆積中配置，並於程式結束時釋放之。從堆積配置的優點是，若有需要，可以配置另外的記憶體，增加記憶體集區的空間。

實作函式，從記憶體集區提取及釋放預先設定固定大小的記憶塊。需要該尺寸之記憶體的程式碼都可以使用這些函式（而非使用 malloc、free）獲取及釋放動態記憶體：

```
#define MAX_ELEMENTS 20;
#define ELEMENT_SIZE 255;

typedef struct
{
  bool occupied;
  char memory[ELEMENT_SIZE];
}PoolElement;

static PoolElement memory_pool[MAX_ELEMENTS];

/* 回傳至少為「size」給定尺寸的記憶體；
   若集區無記憶塊可用，則回傳 NULL */
void* poolTake(size_t size)
{
  if(size <= ELEMENT_SIZE)
  {
    for(int i=0; i<MAX_ELEMENTS; i++)
    {
```

```
      if(memory_pool[i].occupied == false)
      {
        memory_pool[i].occupied = true;
        return &(memory_pool[i].memory);
      }
    }
  }
  return NULL;
}

/* 將記憶塊（「pointer」）放回集區 */
void poolRelease(void* pointer)
{
  for(int i=0; i<MAX_ELEMENTS; i++)
  {
    if(&(memory_pool[i].memory) == pointer)
    {
      memory_pool[i].occupied = false;
      return;
    }
  }
}
```

前述程式碼簡單實作 Memory Pool，有諸多方法可改進該實作。例如，將可用的記憶體插槽（slot）存於串列中，加速取得該插槽。此外，可以使用 Mutex（互斥鎖）或 Semaphore（旗號）確保在多執行緒環境的運作。

對於 Memory Pool 而言，因為你必須在執行期前知道記憶塊的大小，所以必須曉得要儲存何種資料。也可以使用這些記憶塊儲存較小的資料，不過這樣做會浪費一些記憶體。

對於固定大小之記憶塊的替代方案，你甚至可以實作 Memory Pool，以容許提取可變大小的記憶塊。採取這個替代方案，雖然可以妥善利用記憶體，但最終仍會遇到類似堆積記憶體的碎片化問題。

結果

你解決了碎片化問題。採用固定大小記憶塊的集區，你可以確保一旦釋放一個記憶塊，就會有另一個記憶塊可用。然而，你必須事先知道要存於集區中的元素類型及其尺寸。若你還要讓較小的元素儲存於集區中，則會浪費記憶體。

使用可變大小的集區時，不會因為較小的元素而浪費記憶體，不過集區的記憶體會呈碎片化。與直接使用堆積相比，因為你的程式是該集區記憶體的唯一使用者（其他程序不會用到同一個記憶體），所以這個碎片化的情況還是略好一點。此外，你的程式也不會將其他程序所用的記憶體弄碎。然而，碎片化問題依然存在。

無論是在你的集區中使用可變大小記憶塊或固定大小記憶塊，皆可從中得到效能好處。從集區取得記憶體，因為不用試著取得所需的記憶體而與其他程序互斥，所以比從堆積配置記憶體的速度較快。此外，因為你的程式使用的集區所有記憶體都是緊密結合在一塊，這會讓作業系統分頁（paging）機制的時間成本降到最低，所以從存取集區的記憶體可能會比較快。然而，起初建立集區需要一些時間，這會讓程式的啟動時間增加。

在你的集區中，你會釋放記憶體讓程式的其他地方再用該記憶體。然而，你的程式始終會留存整個集區記憶體，讓其他程式不能使用該記憶體。若你不需要整個記憶體，則從整體的系統角度而言，實在浪費資源。

若集區起初為固定大小的，則在執行期可能會發生無多餘的集區記憶塊可用的情況，即使堆積有足夠的記憶體也一樣。若在執行期可以增加集區的大小，則缺點是：倘若為了提取記憶塊而得要增加集區大小，則提取集區記憶體所需的時間可能會異常地增加。

注意安全關鍵領域的 Memory Pools。這類集區讓你的程式碼測試更加困難，使得程式碼分析工具更難發現與存取該記憶體有關的錯誤。例如，工具很難偵測到是否誤取到已獲得的集區記憶塊以外的記憶體。你的程序還擁有集區的其他記憶塊，這些記憶塊即位於你打算存取的那個記憶塊前後，而如此讓程式碼分析工具很難察覺，跨越某 Memory Pool 記憶塊邊界存取資料，是不小心之舉。譬如，若 OpenSSL 涉及的程式碼未使用 Memory Pool，則可用程式碼分析的方式避免 OpenSSL Heartbleed 錯誤，詳情可參閱 David A . Wheeler 所著的〈How to Prevent the Next Heartbleed〉（2020 年 7 月 18 日，最初則發表於 2014 年 4 月 29 日，*https://dwheeler.com/essays/heartbleed.html*）。

已知應用

下列是此模式的應用範例：

- UNIX 系統針對其程序物件會使用固定大小的集區。

- David R. Hanson 在《*C Interfaces and Implementations*》（Addison-Wesley，1996）一書中提供記憶體集區實作的範例。

- Bruce P. Douglass 在《*Real-Time Design Patterns: Robust Scalable Architecture for Real-Time Systems*》（Addison-Wesley，2002）一書中以及 James Noble、Charles Weir 在《*Small Memory Software: Patterns for Systems With Limited Memory*》（Addison-Wesley，2000）一書中皆有描述 Memory Pool 模式。

- Android ION 記憶體管理工具於 *ion_system_heap.c* 檔案中實作記憶體集區。對於記憶體部分的釋放作業，若是安全關鍵的情況，呼叫者可以選擇自行釋放該部分記憶體。

- H. M. MacDougall 在《*Simulating Computer Systems: Techniques and Tools*》（MIT，1987）一書中所述的 smpl 離散事件模擬系統，採用事件的記憶體集區。相較於為每個事件配置與釋放記憶體，這樣的做法更有效率：每個事件的處理僅需短暫的時間，而在模擬之中會有大量的事件。

運用於示例中

為了方便起見，你決定實作 Memory Pool，其中記憶塊的最大尺寸為固定的。你不必管多執行緒機制以及從多個執行緒中同時存取該集區等相關事務，因此可以直接用 Memory Pool 模式的契合實作。

你的凱薩加密程式碼最終版，如下所示：

```
#define ELEMENT_SIZE 255
#define MAX_ELEMENTS 10

typedef struct
{
  bool occupied;
  char memory[ELEMENT_SIZE];
}PoolElement;

static PoolElement memory_pool[MAX_ELEMENTS];

void* poolTake(size_t size)
{
  if(size <= ELEMENT_SIZE)
  {
    for(int i=0; i<MAX_ELEMENTS; i++)
    {
      if(memory_pool[i].occupied == false)
      {
        memory_pool[i].occupied = true;
        return &(memory_pool[i].memory);
```

```c
      }
    }
  }
  return NULL;
}

void poolRelease(void* pointer)
{
  for(int i=0; i<MAX_ELEMENTS; i++)
  {
    if(&(memory_pool[i].memory) == pointer)
    {
      memory_pool[i].occupied = false;
      return;
    }
  }
}


#define MAX_FILENAME_SIZE ELEMENT_SIZE
```

/* 顯示凱撒加密的「filename」。此函式負責配置及釋放需求的緩衝區
   （儲存該檔案內容之用的緩衝區）。
   注意：檔名必須是全為大寫的字母，我們接受凱撒加密也會將檔名中的「.」位移轉碼。 */

```c
void encryptCaesarFilename(char* filename)
{
  char* buffer = poolTake(MAX_FILENAME_SIZE);
  if(buffer != NULL)
  {
    strlcpy(buffer, filename, MAX_FILENAME_SIZE);
    caesar(buffer, strnlen(buffer, MAX_FILENAME_SIZE));
    printf("\nEncrypted filename: %s ", buffer);
    poolRelease(buffer);
  }
}
```

/* 針對當前目錄的所有檔案，此函式可讀取其中各個檔案的文字，並顯示對應的凱薩加密文字。 */

```c
void encryptDirectoryContent()
{
  struct dirent *directory_entry;
  DIR *directory = opendir(".");
  while((directory_entry = readdir(directory)) != NULL)
  {
    encryptCaesarFilename(directory_entry->d_name);
    encryptCaesarFile(directory_entry->d_name);
  }
  closedir(directory);
}
```

藉由此程式碼的最終版，這時你可以在 C 語言中執行凱撒加密，而不會陷入動態記憶體處理的常見陷阱中，你可以確保所用的記憶體指標是有效的，若沒有記憶體可用，甚至可以避免讓預先定義的記憶體區域以外的部分呈碎片化。

觀察此程式碼，你會發覺內容變得相當複雜。你只是想運用一些動態記憶體，卻必須實作數十行程式碼達成所需。別忘了，對你的程式庫中其他配置作業來說，大部分的程式碼皆可再利用。不過，模式一個接著一個地被套用，並非不用付出代價的。每應用一個模式就會增加一些額外複雜度。不過，目標並非盡量套用多個模式。而是只採用可以解決問題的模式。例如，若碎片化對你而言並非是很大的問題，則不要用自訂的 Memory Pool。若可以讓事情變得更簡單，那就這樣做，例如直接使用 `malloc` 與 `free` 配置和釋放記憶體。或者你有更好的選擇，那就不要用到動態記憶體。

總結

本章介紹在 C 程式中處理記憶體的模式。Stack First 模式表示，盡可能將變數擺在堆疊中。Eternal Memory 是使用與你的程式具有相同生命期的記憶體，以避免複雜的動態分配與釋放。Lazy Cleanup 則針對程式設計師，建議完全不處理記憶體的釋放，讓釋放作業更加容易。另一方面，Dedicated Ownership 則定義記憶體的釋放處與釋放者。Allocation Wrapper 提供處理配置錯誤及失效指標的集中處，進而對變數取值時，能夠實作 Pointer Check。若有碎片化或配置時間長的議題，則用 Memory Pool 解決問題。

有了這些模式，程式設計師就不用再為了使用哪個記憶體以及何時清理該記憶體，而做出諸多細膩設計決策。程式設計師就可以直接依據這些模式的指引，進而能夠輕易處理 C 程式的記憶體管理。

深究

相較於其他的 C 程式設計進階主題，就記憶體管理議題而言，有不少的文獻探討。其中大部分的文獻著重於配置和釋放記憶體的語法基礎，而下列的書籍也有一些進階的指引：

- James Noble 和 Charles Weir 在《*Small Memory Software: Patterns for Systems with Limited Memory*》（Addison-Wesley，2000）一書中論述記憶體管理的諸多模式（詳盡闡述的模式）。例如，描述記憶體配置的各種策略（於程式啟動時或執行期間），還有描述諸如記憶體集區或垃圾回收器等策略。針對所有的模式，還有提供多種程式語言的範例程式。

- Fedor G. Pikus 所著的《*Hands-On Design Patterns with C++*》（Packt，2019）如同書名並非為 C 語言所寫，不過 C 和 C++ 採用的記憶體管理概念類似，因此對於 C 語言如何管理記憶體來說，也有相關的指引。其中有一章聚焦於記憶體擁有權，並說明如何使用 C++ 機制（譬如智慧指標），清楚指明誰擁有哪個記憶體。

- Kamran Amini 在《*Extreme C*》（Packt，2019）一書中描述 C 程式設計的諸多主題，譬如編譯過程、工具鏈、單元測試（unit-testing）、並行（concurrency）、程序內通訊（intra-process communication），還有基本的 C 語法等內容。另外有一章探討堆積與堆疊記憶體，其中描述平台特定的細節，說明這些記憶體在程式碼、資料、堆疊、堆積等區段是如何表示的。

- Bruce P. Douglass 在《*Real-Time Design Patterns: Robust Scalable Architecture for Real-Time Systems*》（Addison-Wesley，2002）一書中提到即時系統的模式。某些模式涉及記憶體的配置與清理。

展望

下一章就一般情況說明如何跨介面傳輸資訊。其中會介紹一些模式，闡述 C 語言針對函式間傳輸資訊所提供的各種機制及其相關應用。

第四章

C 函式的回傳資料

由函式呼叫回傳資料，是你所面臨的可維護任務中，需要撰寫超過 10 行程式碼的任務。回傳資料是簡單的任務——只要傳遞想讓兩個函式共用的資料——在 C 語言中，你只能選擇直接回傳值，或以仿效「傳參考」（by-reference）參數回傳資料。選項不多，所以指引也不多——對吧？不對！即使是從 C 函式回傳資料，這樣簡單的任務也很棘手，有許多方式可以讓你的程式與函式參數結構化。

尤其在 C 語言中，你得自行管理記憶體配置和釋放，因為沒有解構式或垃圾回收器協助清理資料，所以於函式間傳遞複雜資料就變得棘手。你得自問：資料應該放在堆疊中，還是應該配置處理？誰該負責配置——呼叫者或被呼叫者？

本章說明在函式間共用資料的最佳做法。這些模式協助 C 程式設計初學者了解回傳資料的技術，幫助資深的 C 程式設計師更加明白這些技術的應用原因。

圖 4-1 概略呈現本章探討的模式以及這些模式彼此的關係，而表 4-1 列出這些模式的摘要。

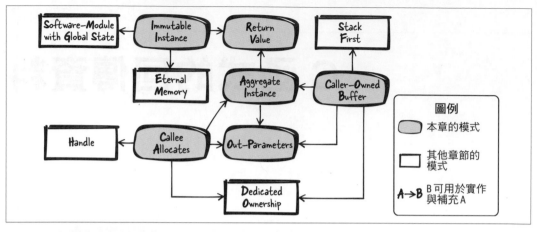

圖 4-1　回傳資訊的模式概觀

表 4-1　回傳資訊的模式

模式	摘要
Return Value	你要分解的函式部分並非彼此獨立。按程序式程式設計慣例，某部分提供的結果，是另一部分所需的。你要分解的函式部分需要共用某資料。因此，直接使用一個 C 語言機制提取函式呼叫所得結果的相關資訊：Return Value。C 語言的回傳資料機制會複製函式結果，並供給呼叫者，讓呼叫者可存取這個副本。
Out-Parameters	C 只支援函式呼叫回傳單一型別，所以回傳多項資訊並不簡單。因此，以單一函式呼叫回傳所有資料的方法是，利用指標仿效「傳參考」引數（argument）。
Aggregate Instance	C 只支援函式呼叫回傳單一型別，所以回傳多項資訊並不簡單。因此，將所有相關資料放入新定義的型別中。定義 Aggregate Instance，其中包含要共用的所有相關資料。於元件的介面中定義之，讓呼叫者可以直接存取放在該實體中的所有資料。
Immutable Instance	你想要將元件中位於大量不可變資料裡的資訊，提供給呼叫者。因此，有個實體（例如：一個 struct），內含共用資料（位於靜態記憶體中）。將此資料提供給需要存取的使用者，並確保使用者無法變更該資料。
Caller-Owned Buffer	你想要將大小已知的複雜資料或大型資料提供給呼叫者，而該資料並非不可變的（可於執行期變更）。因此，需要呼叫者提供緩衝區及其尺寸給被呼叫的函式（回傳大型、複雜資料的函式）。在函式實作中，若緩衝區大小足夠，可將所需的資料複製到緩衝區裡。
Callee Allocates	你想要將大小未知的複雜資料或大型資料提供給呼叫者，而該資料並非不可變的（可於執行期變更）。因此，在被呼叫的函式（提供大型複雜資料的函式）內，配置需求尺寸的緩衝區。將所需的資料複製到緩衝區，並回傳該緩衝區的指標。

示例

你想要實作的功能是，為使用者顯示乙太網路驅動程式的診斷資訊。首先，你只要將此功能直接加入乙太網路驅動程式實作檔中，並直接取用內含所需資訊的變數：

```
void ethShow()
{
  printf("%i packets received\n", driver.internal_data.rec);
  printf("%i packets sent\n", driver.internal_data.snd);
}
```

之後你認為，顯示乙太網路驅動程式診斷資訊的功能，有可能會擴充，因此決定將其置於單獨的實作檔中，以讓程式碼持續無瑕。此時，你需要簡單的方法，將資訊從乙太網路驅動程式元件傳到診斷元件。

其中一個解決方案是使用全域變數傳輸此資訊，不過若你用全域變數，則該實作檔的分解心血就白費了。分解檔案的原因是，你想要表明不緊密耦合的程式碼部分——使用全域變數，會回到緊密耦合的情境。

又妥善又簡單的解決方案如下：讓乙太網路元件具備 getter 類型函式，這些函式以 Return Value 提供所需資訊。

Return Value

情境

你想要將程式碼分成不同的函式，只用一個函式與一個實作檔處理一切，這是不良的做法，理由是這樣的程式碼讓人難以閱讀與除錯。

問題

你要分解的函式部分並非彼此獨立。按程序式程式設計慣例，某部分提供的結果，是另一部分所需的。你要分解的函式部分需要共用某資料。

你想要有個共用資料的機制（可讓程式碼輕易被理解的機制）。你想要在程式碼中明確表示函式間共用資料，並且確保函式不是透過程式中非清晰可見的旁路通訊。因此，使用全域變數將資訊回傳給呼叫者不是好的解決方案，理由是程式的其他部分皆能存取及修改全域變數。此外，函式簽名式並無清楚表示究竟要用哪個全域變數回傳資料。

全域變數還有個缺點是，其可被用於儲存狀態資訊，如此可能會導致同樣的函式呼叫產生不同的結果。這樣會使得程式碼更難以讓人理解。除此之外，使用全域變數回傳資訊的程式碼將不會是可重入的，而用於多執行緒環境中也不安全。

解決方案

直接使用一個 C 語言機制提取函式呼叫所得結果的相關資訊：Return Value。C 語言的回傳資料機制會複製函式結果，並供給呼叫者，讓呼叫者可存取這個副本。

圖 4-2 及下列程式碼說明如何實作 Return Value。

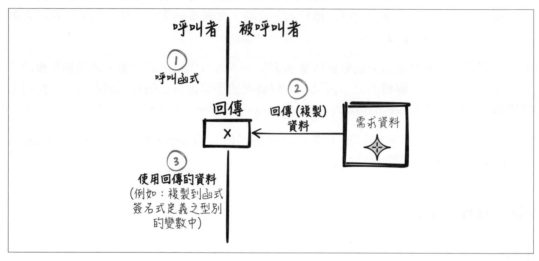

圖 4-2　Return Value

呼叫者的程式碼

```
int my_data = getData();
/* 使用 my_data */
```

被呼叫者的程式碼

```
int getData()
{
  int requested_data;
  /* …… */
  return requested_data;
}
```

結果

Return Value 可讓呼叫者提取函式結果的副本。除了函式實作,其他程式碼不能修改此值,而且由於這是副本,因此該值只供呼叫的函式使用。相較於全域變數的使用,此方法更明確定義哪些程式碼會影響函式呼叫所提取的資料。

另外,不用全域變數而用函式結果副本,則該函式是可重入的,並且可在多執行緒環境中安全使用之。

然而,對於 C 內建型別來說,函式只能回傳函式簽名式所定型別的單一物件。不能定義具有多個回傳型別的函式。例如,函式不能回傳三個 int 物件。若你要回傳的資訊多於一個 C 語言型別的簡單純量,則必須用 Aggregate Instance 或 Out-Parameters。

此外,若你要回傳陣列資料,則 Return Value 並不適用,原因是該做法並不會複製陣列內容,而只會複製陣列指標。如此一來,呼叫者最終可能會拿到超出資料作用域的指標。針對回傳陣列而言,你必須用其他機制,譬如 Caller-Owned Buffer 或 Callee Allocates。

別忘了,只用簡單的 Return Value 機制就足夠的情況下,你應該一律採用這個最簡單的做法回傳資料。你就不該採取更強大卻也更複雜的模式(如 Out-Parameters、Aggregate Instance、Caller-Owned Buffer、Callee Allocates)。

已知應用

下列是此模式的應用範例:

- 你可以到處看到這個模式。所有非 void 函式都會以此方式回傳資料。
- 每個 C 程式都有 main 函式,該函式已為其呼叫者(例如作業系統)提供回傳值。

運用於示例中

Return Value 的應用很簡單。此時,你從乙太網路驅動程式分出來的實作檔中,會有新的診斷元件,此元件會取得源自乙太網路驅動程式的診斷資訊,如下列程式碼所示:

乙太網路驅動程式 API

```
/* 回傳已接收封包的總數 */
int ethernetDriverGetTotalReceivedPackets();

/* 回傳已傳送封包的總數 */
int ethernetDriverGetTotalSentPackets();
```

呼叫者的程式碼

```c
void ethShow()
{
    int received_packets = ethernetDriverGetTotalReceivedPackets();
    int sent_packets = ethernetDriverGetTotalSentPackets();
    printf("%i packets received\n", received_packets);
    printf("%i packets sent\n", sent_packets);
}
```

此程式碼可輕易閱讀,若你想要新增其他資訊,可以直接新增取得資訊的其他函式。而這正是你接下來要做的。你要顯示已傳送封包的其他相關資訊。為使用者呈現傳送成功的封包數以及傳送失敗的封包數。你首先嘗試撰寫下列的程式碼:

```c
void ethShow()
{
    int received_packets = ethernetDriverGetTotalReceivedPackets();
    int total_sent_packets = ethernetDriverGetTotalSentPackets();
    int successfully_sent_packets = ethernetDriverGetSuccescullySentPackets();
    int failed_sent_packets = ethernetDriverGetFailedPackets();
    printf("%i packets received\n", received_packets);
    printf("%i packets sent\n", total_sent_packets);
    printf("%i packets successfully sent\n", successfully_sent_packets);
    printf("%i packets failed to send\n", failed_sent_packets);
}
```

對於此程式碼,你最終會發覺到有時候會跟你所預期的不一樣,successfully_sent_packets 加上 failed_sent_packets 的結果值會高於 total_sent_packets。其中的原因是你的乙太網路驅動程式於單獨的執行緒中執行,而介於獲取資訊的函式呼叫之間,乙太網路驅動程式會繼續運作,並更新其封包資訊。因此,譬如,若乙太網路驅動程式於 ethernetDriverGetTotalSentPackets 呼叫與 ethernetDriverGetSuccessfulcullySentPackets 呼叫之間成功傳送封包,則呈現給使用者的資訊會有不一致的情況。

可行的解決方案是在呼叫函式取得封包資訊時,確保乙太網路驅動程式不要運作。例如,你可以使用 Mutex 或 Semaphore 確保此一情況,但對於如此簡單的任務(譬如取得封包統計資料),你會期望自己並非是得要處理此議題的人。

就更簡單的替代方案來說,你可以用 Out-Parameters,由一個函式呼叫回傳多項資訊。

Out-Parameters

情境

你想要將你的元件中表示數項相關資訊的資料提供給呼叫者,而在個別函式呼叫之間可能會變更這幾項資訊的內容。

問題

C 只支援函式呼叫回傳單一型別,所以回傳多項資訊並不簡單。

因為使用全域變數回傳資訊的程式碼並不是可重入的,而且在多執行緒環境中使用也不安全,所以使用全域變數傳輸表示數項資訊的資料並不是好的解決方案。除此之外,程式的其他部分皆能存取及修改全域變數,並且在使用全域變數時,函式簽名式並無清楚表示究竟要用哪個全域變數回傳資料。因此,全域變數會讓程式碼令人難以理解和維護。此外,使用多個函式的 Return Values 並非好的做法,原因是你要回傳的資料是相關的,因此,跨多個函式呼叫而將資料分開,會讓程式碼的可讀性降低。

由於數項資料是相關的,因此呼叫者想要提取這些資料的一致快照(consistent snapshot)。當在多執行緒環境中使用多個 Return Values,因為資料可以在執行時期變更,所以這會有問題。就此,你必須確保在呼叫者的多個函式呼叫之間,資料不會被變更。不過你無法知道呼叫者是否已讀完所有資料,或者是否會有另一段資訊,是呼叫者想要以另一個函式呼叫提取的。因此,你無法確保在呼叫者的函式呼叫之間,不會修改資料。若你使用多個函式提供相關資訊,則不知道資料不得變更的時間間隔。因此,使用此方法,無法保證呼叫者提取到資訊的一致快照。

若計算相關的數項資料需要諸多準備工作,則用多個函式(搭配 Return Values)也可能不是好的解決方案。例如,若你想要回傳通訊錄中特定人員的住家電話號碼和行動電話號碼,而且你有個別的函式各自提取這些號碼,則你必須於每個函式呼叫,分別搜尋該員的通訊錄條目。如此會耗掉非必要的運算時間和資源。

解決方案

以單一函式呼叫回傳所有資料的方法是,利用指標仿效「傳參考」引數。

C 不支援以 Return Value 回傳多個型別,C 本身也無支援「傳參考」引數,不過可以仿效「傳參考」引數,如圖 4-3 以及下列程式碼所示。

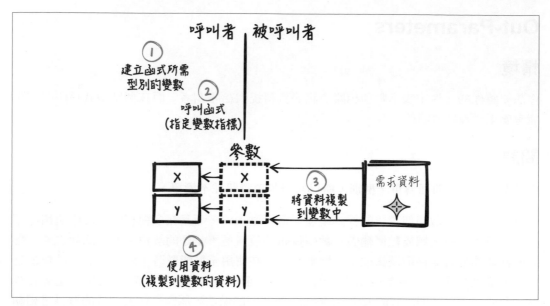

圖 4-3　Out-Parameters

呼叫者的程式碼

```
int x,y;
getData(&x,&y);
/* 使用 x、y */
```

被呼叫者的程式碼

```
void getData(int* x, int* y)
{
  *x = 42;
  *y = 78;
}
```

單一函式可有多個指標引數。在該函式實作中,對這些指標取值,並將要回傳給呼叫者的資料複製到指標所指的實體中。該函式的實作要確保複製作業時資料不會變更。這可以用互斥機制達成。

結果

此時,單一函式呼叫即可回傳表示數項相關資訊的所有資料,並可讓內容保持一致(例如,透過複製由 Mutex 或 Semapores 保護的資料即可實現)。該函式是可重入的,而且可安全地用於多執行緒環境中。

對於每個附加的資料項目,會有對應的附加指標傳給函式。這種做法的缺點是,若你要回傳大量資料,函式的參數串列會越來越長。一個函式帶有很多參數是一種程式碼壞味道,即這樣會使得程式碼無可讀性。此乃一個函式很少使用多個 Out-Parameters 的原因,為了清理該程式碼,而改用 Aggregate Instance 回傳相關的數項資訊。

另外,對於每項資料,呼叫者必須將對應的一個指標傳給函式。這表示,對於每項資料,必須將對應的附加指標放入堆疊中。若呼叫者的堆疊記憶體相當有限,則可能會有問題。

Out-Parameters 的缺點是，若只看函式簽名式，無法明確識別 Out-Parameters。透過函式簽名式，呼叫者僅能在看到指標時猜測其可能是 Out-Parameters。不過這樣的指標參數也可能是函式的輸入。因此，必須在 API 文件中清楚描述哪些參數是輸入之用，哪些參數是用於輸出。

針對簡單的 C 純量型別，呼叫者能以函式引數形式，直接傳遞此類變數的指標。對於函式實作，因指定的指標型別而明確詮釋該指標的所有資訊。若要回傳複雜型別的資料（例如陣列），不是得用 Caller-Owned Buffer 就是必須傳遞 Callee Allocates 及資料的其他相關資訊（如資料的大小）。

已知應用

下列是此模式的應用範例：

- Windows 的 `RegQueryInfoKey` 函式透過函式的 Out-Parameters 回傳登錄機碼相關資訊。呼叫者提供 `unsigned long` 指標，函式會將子機碼數、機碼所對應之值的尺寸等其他項資訊，寫入所指的 `unsigned long` 變數中。

- Apple 的 Cocoa API（C 語言）會使用附加的 `NSError` 參數儲存函式呼叫期間發生的錯誤。

- 即時作業系統 VxWorks 的 `userAuthenticate` 函式會使用 Return Values 回傳資訊，在此情況下，針對已給定的登入名稱確認對應指定的密碼是否正確。此外，該函式會有個 Out-Parameter，回傳與該給定的登入名稱有關的使用者 ID。

運用於示例中

下列是 Out-Parameters 的運用程式碼：

乙太網路驅動程式 API

```
/* 以 Out-Parameters 回傳驅動程式狀態資訊。
   total_sent_packets --> 試圖傳送的封包數（不論成功與失敗）
   successfully_sent_packets --> 傳送成功的封包數
   failed_sent_packets --> 傳送失敗的封包數 */
void ethernetDriverGetStatistics(int* total_sent_packets,
    int* successfully_sent_packets, int* failed_sent_packets); ❶
```

❶ 若要提取已傳送封包的相關資訊，則對於乙太網路驅動程式的作業，只用一個函式呼叫，乙太網路驅動程式可確保在此呼叫中傳遞的資料是一致的。

呼叫者的程式碼

```
void ethShow()
{
  int total_sent_packets, successfully_sent_packets, failed_sent_packets;
  ethernetDriverGetStatistics(&total_sent_packets, &successfully_sent_packets,
                              &failed_sent_packets);
  printf("%i packets sent\n", total_sent_packets);
  printf("%i packets successfully sent\n", successfully_sent_packets);
  printf("%i packets failed to send\n", failed_sent_packets);

  int received_packets = ethernetDriverGetTotalReceivedPackets();
  printf("%i packets received\n", received_packets);
}
```

在與傳送封包同一個函式呼叫中，你還考慮提取 received_packets，但你明白這樣的一個函式呼叫會變得越來越複雜。具有三個 Out-Parameters 的單一函式呼叫已經複雜到讀寫不易。呼叫這種函式時，參數順序很容易搞錯。加入第四個參數不會讓程式碼變得更好。

為了讓程式碼更具可讀性，可用 Aggregate Instance。

Aggregate Instance

情境

你想要將你的元件中表示數項相關資訊的資料提供給呼叫者，而在個別函式呼叫之間可能會變更這幾項資訊的內容。

問題

C 只支援函式呼叫回傳單一型別，所以回傳多項資訊並不簡單。

因為使用全域變數回傳資訊的程式碼並不是可重入的，而且在多執行緒環境中使用也不安全，所以使用全域變數傳輸表示多項資訊的資料並不是好的解決方案。除此之外，程式的其他部分皆能存取及修改全域變數，並且在使用全域變數時，函式簽名式並無清楚表示究竟要用哪個全域變數回傳資料。因此，全域變數會讓程式碼令人難以理解和維護。此外，使用多個函式的 Return Values 並非好的做法，原因是你要回傳的資料是相關的，因此，跨多個函式呼叫而將資料分開，會讓程式碼的可讀性降低。

具多個 Out-Parameters 的函式並非好主意，原因是倘若你有多個這樣的 Out-Parameters，很容易搞錯，而程式碼會變得無可讀性。此外，你要呈現的是參數為密切相關的，而且可能甚至需要由其他函式提供或回傳的同一組參數。當你以函式參數明確為之時，必須在之後附加其他參數時逐一修改這樣的函式。

由於數項資料是相關的，因此呼叫者想要提取這些資料的一致快照（consistent snapshot）。當在多執行緒環境中使用多個 Return Values，因為資料可以在執行時期變更，所以這會有問題。就此，你必須確保在呼叫者的多個函式呼叫之間，資料不會被變更。不過你無法知道呼叫者是否已讀完所有資料，或者是否會有另一段資訊，是呼叫者想要以另一個函式呼叫提取的。因此，你無法確保在呼叫者的函式呼叫之間，不會修改資料。若你使用多個函式提供相關資訊，則不知道資料不得變更的時間間隔。因此，使用此方法，無法保證呼叫者提取到資訊的一致快照。

若計算相關的數項資料需要諸多準備工作，則用多個函式（搭配 Return Values）也可能不是好的解決方案。例如，若你想要回傳通訊錄中特定人員的住家電話號碼和行動電話號碼，而且你有個別的函式各自提取這些號碼，則你必須於每個函式呼叫，分別搜尋該員的通訊錄條目。如此會耗掉非必要的運算時間和資源。

解決方案

將所有相關資料放入新定義的型別中。定義 Aggregate Instance，其中包含要共用的所有相關資料。於元件的介面中定義之，讓呼叫者可以直接存取放在該實體中的所有資料。

為了實作所需，在標頭檔中定義一個 struct，並以被呼叫的函式回傳的所有型別定義該 struct 的成員。在函式實作中，將要回傳的資料複製到該 struct 的成員中，如圖 4-4 所示。該函式的實作要確保複製作業時資料不會變更。這可用 Mutex 或 Semaphore 互斥機制達成。

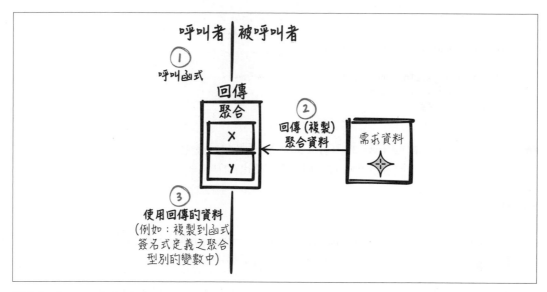

圖 4-4　Aggregate Instance

要將該 struct 實際回傳給呼叫者，有兩個主要選擇：

- 以 Return Value 傳遞整個 struct。C 不只容許內建型別能以函式的 Return Value 傳遞，還允許傳遞使用者定義的型別（諸如：一個 struct）。

- 用 Out-Parameter 傳遞該 struct 指標。然而，只傳指標時，就會出現誰提供與擁有所指之記憶體這樣的議題。可用 Caller-Owned Buffer、Callee Allocates 處理此議題。你可以考量使用 Handle 對呼叫者隱藏該 struct，而非傳遞指標並讓呼叫者直接存取 Aggregate Instance。

下列是傳遞整個 struct 的程式碼（變更版）：

呼叫者的程式碼

```
struct AggregateInstance my_instance;
my_instance = getData();
/* 使用 my_instance.x
   使用 my_instance.y…… */
```

被呼叫者的程式碼

```
struct AggregateInstance
{
  int x;
  int y;
```

```
};

struct AggregateInstance getData()
{
  struct AggregateInstance inst;
  /* 填寫 inst.x、inst.y */
  return inst; ❶
}
```

❶ 函式回返時，會複製 inst 的內容（即使是一個 struct 也會進行），而呼叫者可以存取複製的內容，即使在超出 inst 作用域之後也行。

結果

此時，呼叫者可以用 Aggregate Instance（搭配單一函式呼叫），提取表示數項相關資訊的多個資料。該函式是可重入的，可於多執行緒環境中安全使用。

這為呼叫者提供數項相關資訊的一致快照。因為呼叫者不必呼叫多個函式或具有多個 Out-Parameters 的單一函式，所以還會讓呼叫者的程式碼無瑕。

以 Return Values 於無指標的函式之間傳遞資料時，會將所有資料放在堆疊中。將一個 struct 傳給 10 層函式（巢狀）時，此 struct 會在堆疊出現 10 次。在某些情況下，這不會有問題，但在其他情況下，會有問題——尤其若該 struct 太大，你不想每次都將整個 struct 複製到堆疊中，浪費堆疊記憶體。因此，通常不是直接傳遞或回傳這個 struct，而是傳遞或回傳該 struct 的指標。

傳遞該 struct 的指標，或該 struct 的內容有指標時，要注意的是，C 語言不會為你執行深層的複製作業。C 只會複製指標值，且不會複製其所指的實體。這可能不是你想要的結果，所以切記，一旦指標發揮作用，你就必須處理指標所指之記憶體的供應與清理作業。此議題可用 Caller-Owned Buffer、Callee Allocates 處理。

已知應用

下列是此模式的應用範例：

- Uwe Zdun 在〈Patterns of Argument Passing〉（*https://oreil.ly/VlCgm*）一文中將此模式稱為 Context Object（其中包括 C++ 範例），以及 Martin Fowler 在《*Refactoring: Improving the Design of Existing Code*》（Addison-Wesley，1999）一書中將其稱為 Parameter Object。

- 電玩 NetHack 的程式碼以 Aggregate Instance 儲存妖怪屬性，並提供提取此資訊的函式。

- sam 文字編輯器的實作，在傳遞各個 struct 給函式時，以及從函式回傳各個 struct 時，會複製整個 struct，以讓程式碼保持簡單一些。

運用於示例中

下列是 Aggregate Instance 的運用程式碼：

乙太網路驅動程式 API

```
struct EthernetDriverStat{
  int received_packets;          /* 已接收封包數 */
  int total_sent_packets;        /* 傳送封包數（不論成功與失敗）*/
  int successfully_sent_packets;/* 傳送成功封包數 */
  int failed_sent_packets;       /* 傳送失敗封包數 */
};

/* 回傳乙太網路驅動程式的統計資料 */
struct EthernetDriverStat ethernetDriverGetStatistics();
```

呼叫者的程式碼

```
void ethShow()
{
  struct EthernetDriverStat eth_stat = ethernetDriverGetStatistics();
  printf("%i packets received\n", eth_stat.received_packets);
  printf("%i packets sent\n", eth_stat.total_sent_packets);
  printf("%i packets successfully sent\n",eth_stat.successfully_sent_packets);
  printf("%i packets failed to send\n", eth_stat.failed_sent_packets);
}
```

此時，對於乙太網路驅動程式的作業，只用一個函式呼叫，乙太網路驅動程式可確保在此呼叫中傳遞的資料是一致的。此外，因為屬於一體的資料目前以單一 struct 集結在一起，所以你的程式碼看起來很整齊。

接著，你要將乙太網路驅動程式的相關資訊呈現給使用者。你想要顯示封包統計資料所屬的乙太網路介面，因此會顯示驅動程式名稱，其中包括驅動程式的文字描述。兩者以字串形式儲存於乙太網路驅動程式元件中。字串很長，但你不知道確切的長度。幸好，執行期間，並不會變更該字串內容，因此你可以用 Immutable Instance 存取之。

Immutable Instance

情境

你的元件包含許多資料，另一個元件要存取這些資料。

問題

你想要將元件中位於大量不可變資料裡的資訊，提供給呼叫者。

為每個呼叫者複製資料會浪費記憶體，因此，藉由回傳 Aggregate Instance 或將所有資料複製到 Out-Parameters，以提供所有資料，這對於有限的堆疊記憶體來說是不可行的。

通常，只回傳這種資料的指標，並不容易。你會遇到的問題是，可透過指標修改這樣的資料，一旦有多個呼叫者讀寫同一個資料，你就必須建立機制確保要存取的資料是一致的、最新的。幸好，就此來說，你想要提供給呼叫者的資料於編譯期或啟動時是固定不變的，而在執行期也不會變更。

解決方案

有個實體（例如：一個 struct），內含共用資料（位於靜態記憶體中）。將此資料提供給需要存取的使用者，並確保使用者無法變更該資料。

在編譯期或啟動時寫入被含在實體中的資料，而執行期不再改變內容。你可以直接將資料在程式中寫死，也可以在程式啟動時初始化（關於初始化變體可參閱第 128 頁的〈Software-Module with Global State〉，關於儲存變體可參閱第 66 頁的〈Ethernal Memory〉）。如圖 4-5 所示，即使多個呼叫者（以及多個執行緒）同時存取實體，因為該實體不會變更，所以呼叫者（執行緒）也不必在意彼此，因此會一直處於一致狀態與涵蓋所需資訊。

實作回傳資料指標的函式。或甚至可以直接將包含資料的變數設為全域的，並放入 API 中，因為在執行期，資料不會變更，所以可以這樣做。不過 getter 類型函式還是比較好，相較於全域變數，這類函式可讓單元測試的撰寫更容易，而倘若將來你的程式碼行為有變（你的資料不再是不可變的），則屆時不必變更你的介面。

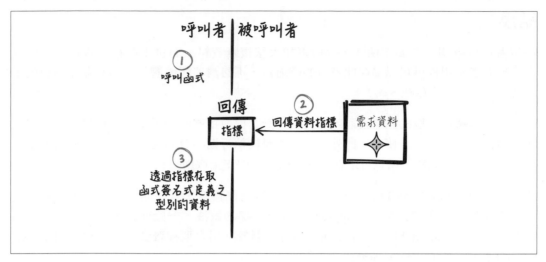

圖 4-5　Immutable Instance

為了確保呼叫者沒有修改資料，當回傳資料指標時，以 const 指明該資料，如下列程式碼所示：

呼叫者的程式碼

```
const struct ImmutableInstance* my_instance;
my_instance = getData(); ❶
/* 使用 my_instance->x、
   使用 my_instance->y…… */
```

❶ 呼叫者取得一個參考，但無法取得該記憶體的擁有權。

被呼叫者的 *API*

```
struct ImmutableInstance
{
  int x;
  int y;
};
```

被呼叫者的實作

```
static struct ImmutableInstance inst = {12, 42};
const struct ImmutableInstance* getData()
{
  return &inst;
}
```

結果

呼叫者可以呼叫一個簡單函式，存取更加大型複雜資料，而也不必在意該資料的儲存處。呼叫者不用提供可以儲存此資料的緩衝區，不必清理記憶體，也不必關注資料的生命期——資料始終存在。

呼叫者可以透過提取的指標讀取所有資料。針對提取指標的簡單函式是可重入的，可以在多執行緒環境中安全使用。此外，因為資料於執行期不會變更，而且多個執行緒僅讀取資料並不會有問題，所以可以在多執行緒環境中安全取用資料。

然而，若無採取進一步的措施，則執行期無法變更資料。若呼叫者得要變更資料，則可以實作像「寫入時複製」（copy-on-write）這樣的做法。一般而言，若資料可以在執行期變更，則 Immutable Instance 並不可行，對於共用大型複雜資料，必須改用 Caller-Owned Buffer 或 Callee Allocates。

已知應用

下列是此模式的應用範例：

- Kevlin Henney 在〈Patterns in Java: Patterns of Value〉（*https://oreil.ly/cVY9N*）一文中詳細說明類似的模式——Immutable Object，並提供相關的 C++ 範例程式。
- 電玩 NetHack 的程式碼以 Immutable Instance 儲存不可變的妖怪屬性，並提供了提取該資訊的函式。

運用於示例中

通常，回傳一個指標，用於存取儲存在元件內的資料，並不容易。原因是若多個呼叫者取用（並可能寫入）此資料，則一般的指標並不適合，理由是你永遠不知道指標是否仍然有效，以及指標所涵蓋的資料是否一致。不過就此而言，幸好有 Immutable Instance。驅動程式名稱及描述都是在編譯期確定的資訊，之後不會變更。因此，我們可以只提取此資料的常數指標：

乙太網路驅動程式 API

```
struct EthernetDriverInfo{
  char name[64];
  char description[1024];
};

/* 回傳驅動程式名稱與描述 */
const struct EthernetDriverInfo* ethernetDriverGetInfo();
```

呼叫者的程式碼

```
void ethShow()
{
  struct EthernetDriverStat eth_stat = ethernetDriverGetStatistics();
  printf("%i packets received\n", eth_stat.received_packets);
  printf("%i packets sent\n", eth_stat.total_sent_packets);
  printf("%i packets successfully sent\n",eth_stat.successfully_sent_packets);
  printf("%i packets failed to send\n", eth_stat.failed_sent_packets);

  const struct EthernetDriverInfo* eth_info = ethernetDriverGetInfo();
  printf("Driver name: %s\n", eth_info->name);
  printf("Driver description: %s\n", eth_info->description);
}
```

除了乙太網路介面的名稱和描述，下一步你還想要對使用者顯示目前設定的 IP 位址及子網路遮罩。乙太網路驅動程式會以字串形式儲存兩者。這兩個位址都是在執行期可能變更的資訊，因此你無法直接回傳 Immutable Instance 指標。

雖然可以讓乙太網路驅動程式將這些字串聚集在一個 Aggregate Instance 中並直接回傳此實體（在回傳一個 struct 時，會複製該 struct 中的陣列），但是因為大量資料耗用許多堆疊記憶體，所以這種解決方案並非恰當。通常，會改用指標。

採用指標正是你要找的解決方案：使用 Caller-Owned Buffer。

Caller-Owned Buffer

情境

你有大量資料想要讓多個元件共用。

問題

你想要將大小已知的複雜資料或大型資料提供給呼叫者，而該資料並非不可變的（可於執行期變更）。

因為資料於執行期有變更（可能原因是你有為呼叫者提供資料寫入的函式），因此不能直接提供靜態資料指標給呼叫者（像 Immutable Instance 那樣）。若你直接把這樣的指標提供給呼叫者，因為在多執行緒環境中，另一個呼叫者可能同時改寫該資料，所以會遇到某呼叫者讀取資料可能不一致的問題（部分被覆蓋）。

將所有資料完全複製到 Aggregate Instance，並將這個 Aggregate Instance 以 Return Value 傳給呼叫者，如此並不可行，原因是資料很大，無法透過堆疊傳遞，該堆疊的記憶體相當有限。

若改成僅回傳 Aggregate Instance 指標，則堆疊記憶體的限制就不成問題，不過要注意的是，C 語言不會為你執行深層的複製作業。C 只會回傳指標值。你必須確保在函式呼叫之後，所指的資料（儲存在 Aggregate Instance 或陣列中）仍是有效的。例如，你不能將資料儲存在函式內的自動變數中，然後提供這些變數的指標，原因是函式呼叫之後，即超過這些變數的作用域。

此時衍生的問題是，資料要儲存在哪裡。必須釐清是呼叫者還是被呼叫者該提供所需的記憶體，以及何者負責管理與清理記憶體。

解決方案

需要呼叫者提供緩衝區及其尺寸給被呼叫的函式（回傳大型、複雜資料的函式）。在函式實作中，若緩衝區大小足夠，可將所需的資料複製到緩衝區裡。

確保複製作業時，資料不會變更。這可以透過 Mutex 或 Semaphore 互斥機制實現。而呼叫者具有緩衝區資料的快照，是該快照的唯一擁有者，因此即使在此期間原始資料有變更，也可以一致存取此快照。

呼叫者可以藉由單獨函式參數分別提供緩衝區及其尺寸，或呼叫者可以將緩衝區及其大小聚集為 Aggregate Instance，並將 Aggregate Instance 指標傳給函式。

因為呼叫者必須提供緩衝區及其尺寸給函式，所以呼叫者必須事先知道大小。為了讓呼叫者知道緩衝區的尺寸，必須在 API 中呈現尺寸需求。實作的方式是用巨集定義尺寸；或定義一個 struct，其內含有 API 裡需求尺寸的緩衝區。

圖 4-6 及下列程式碼說明 Caller-Owned Buffer 的概念。

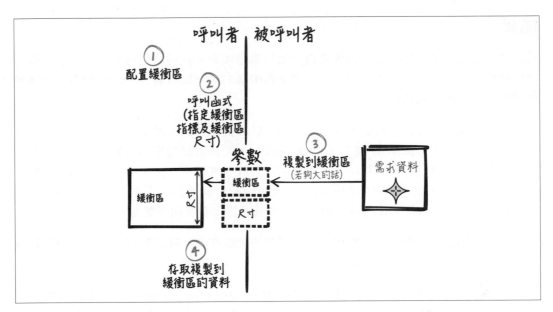

圖 4-6　Caller-Owned Buffer

呼叫者的程式碼

```
struct Buffer buffer;

getData(&buffer);
/* 使用 buffer.data */
```

被呼叫者的 *API*

```
#define BUFFER_SIZE 256
struct Buffer
{
  char data[BUFFER_SIZE];
};

void getData(struct Buffer* buffer);
```

被呼叫者的實作

```
void getData(struct Buffer* buffer)
{
  memcpy(buffer->data, some_data, BUFFER_SIZE);
}
```

結果

可用單一函式呼叫，將大型、複雜資料一致供給呼叫者。該函式是可重入的，在多執行緒環境中可安全使用。此外，因為呼叫者是緩衝區的唯一擁有者，所以呼叫者可在多執行緒環境中安全存取資料。

呼叫者提供預期尺寸的緩衝區，甚至可以決定該緩衝區的記憶體類型。呼叫者可以將緩衝區放在堆疊中（參閱第 62 頁的〈Stack First〉），得到的好處是超出變數作用域之後，堆疊記憶體會被清理。或者呼叫者可以將記憶體放在堆積中，決定變數的生命期，而不浪費堆疊記憶體。此外，呼叫的函式可能僅有由被呼叫的函式所取得的緩衝區參考指標。在此情況下，可以直接傳遞該緩衝區，並且不需要有多個緩衝區。

在函式呼叫期間，不會執行配置和釋放記憶體等耗時作業。呼叫者可以決定何時執行這些作業，因此函式呼叫會變得又快又有決定性。

從 API 中可清楚得知，呼叫者有緩衝區的 Dedicated Ownership。呼叫者必須提供緩衝區，並於之後清理該緩衝區。若呼叫者配置緩衝區，則呼叫者之後會負責釋放該緩衝區。

呼叫者必須事先知道緩衝區的大小，而且因為大小已知，所以對於該緩衝區來說，函式可以安全作業。但在某些情況下，呼叫者可能不知道需求的確切大小，若改用 Callee Allocates 會更好。

已知應用

下列是此模式的應用範例：

- NetHack 程式使用此模式，為元件提供儲存遊戲的相關資訊，而實際將遊戲進度儲存在磁碟中。

- B&R Automation Runtime 作業系統使用此模式提取 IP 位址。

- C stdlib 的 `fgets` 函式會從串流讀取輸入內容，並將內容儲存於給定的緩衝區中。

運用於示例中

此時，你會將 Caller-Owned Buffer 提供給乙太網路驅動程式的函式，該函式會將資料複製到這個緩衝區中。你必須事先知道這個緩衝區到底要有多大。在取得 IP 位址字串的情況下，這不會有問題的原因是字串有固定大小。因此，你只需將 IP 位址的緩衝區放在堆疊中，並將此堆疊變數提供給乙太網路驅動程式。或者也可以在堆積中配置緩衝區，但因為 IP 位址的大小已知，且資料的尺寸足夠小，而可塞入堆疊中，所以在此情況下，不需要這樣做：

乙太網路驅動程式 *API*

```
struct IpAddress{
  char address[16];
  char subnet[16];
};

/* 將 IP 資訊儲存到「ip」中，該「ip」得由呼叫者提供 */
void ethernetDriverGetIp(struct IpAddress* ip);
```

呼叫者的程式碼

```
void ethShow()
{
  struct EthernetDriverStat eth_stat = ethernetDriverGetStatistics();
  printf("%i packets received\n", eth_stat.received_packets);
  printf("%i packets sent\n", eth_stat.total_sent_packets);
  printf("%i packets successfully sent\n",eth_stat.successfully_sent_packets);
  printf("%i packets failed to send\n", eth_stat.failed_sent_packets);

  const struct EthernetDriverInfo* eth_info = ethernetDriverGetInfo();
  printf("Driver name: %s\n", eth_info->name);
  printf("Driver description: %s\n", eth_info->description);

  struct IpAddress ip;
  ethernetDriverGetIp(&ip);
  printf("IP address: %s\n", ip.address);
}
```

接著，你想要擴充診斷元件，另外顯示最後收到之封包的傾印內容（dump）。此時，這是一段大到無法放在堆疊中的資訊，而且因為乙太網路封包的大小可變，所以你無法事先知道封包所需的緩衝區有多大。因此，對你來說，Caller-Owned Buffer 並不可行。

當然，你可以直接用 EthernetDriverGetPacketSize()、EthernetDriverGetPacket(buffer)，但在此又會出現必須呼叫兩個函式的問題。在兩個函式之間呼叫乙太網路驅動程式可能收到另一個封包，這會讓資料不一致。另外，這個解決方案也不太妥當，即你必須呼叫兩種函式才能達到目的。若改用 Callee Allocates，會容易得多。

Callee Allocates

情境

你有大量資料想要讓多個元件共用。

問題

你想要將大小未知的複雜資料或大型資料提供給呼叫者，而該資料並非不可變的（可於執行期變更）。

資料於執行期有變更（可能原因是你有為呼叫者提供資料寫入的函式），因此不能直接提供靜態資料指標給呼叫者（像 Immutable Instance 那樣）。若你直接把這樣的指標提供給呼叫者，因為在多執行緒環境中，另一個呼叫者可能同時改寫該資料，所以會遇到某呼叫者讀取資料可能不一致的問題（部分被覆蓋）。

將所有資料完全複製到 Aggregate Instance，並將這個 Aggregate Instance 以 Return Value 傳給呼叫者，如此並不可行。以 Return Value 而言，你只能傳遞大小已知的資料，而且因為資料很大，所以無法透過堆疊傳遞，即堆疊的記憶體相當有限。

若改成僅回傳 Aggregate Instance 指標，則堆疊記憶體的限制就不成問題，不過要注意的是，C 語言不會為你執行深層的複製作業。C 只會回傳指標值。你必須確保在函式呼叫之後，所指的資料（儲存在 Aggregate Instance 或陣列中）仍是有效的。例如，你不能將資料儲存在函式內的自動變數中，然後提供這些變數的指標，原因是函式呼叫之後，即超過這些變數的作用域。

此時衍生的問題是，資料要儲存在哪裡。必須釐清是呼叫者還是被呼叫者該提供所需的記憶體，以及何者負責管理與清理記憶體。

你在編譯期要提供之資料的數量並非固定。例如，要回傳之前不知大小的字串。因為呼叫者事先不知道緩衝區的大小，所以這讓 Caller-Owned Buffer 的運用顯得不切實際。呼叫者可以事先詢問所需的緩衝區大小（例如，使用 `getRequiredBufferSize()` 函式），不過這還是不妥當，理由是為了提取其中一項資料，呼叫者必須執行多個函式呼叫。此外，你想要提供的資料可能會於那些函式呼叫之間有潛在的變更，而呼叫者會再次提供大小有誤的緩衝區。

解決方案

在被呼叫的函式（提供大型、複雜資料的函式）內，配置需求尺寸的緩衝區。將所需的資料複製到緩衝區，並回傳該緩衝區的指標。

以 Out-Parameters 將緩衝區指標及大小提供給呼叫者。在函式呼叫之後，呼叫者可以操作該緩衝區，得知緩衝區大小，並且具有緩衝區的唯一擁有權。呼叫者決定其生命期，因此負責清理之，如圖 4-7 以及下列程式碼所示。

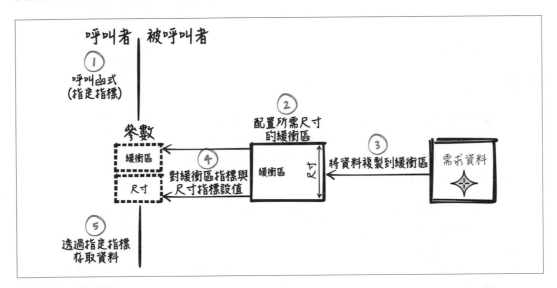

圖 4-7　Callee Allocates

呼叫者的程式碼

```
char* buffer;
int size;
getData(&buffer, &size);
/* 使用緩衝區 */
free(buffer);
```

被呼叫者的程式碼

```
void getData(char** buffer, int* size)
{
  *size = data_size;
  *buffer = malloc(data_size);
  /* 將資料寫入緩衝區 */ ❶
}
```

❶ 將資料複製到該緩衝區時，確保在此期間不會變更內容。這可以用 Mutex 或 Semaphore 互斥機制達成。

或者，可將緩衝區指標及尺寸放入 Aggregate Instance，並以 Return Value 提供之。為了讓呼叫者更清楚知道，Aggregate Instance 中有一個指標要被釋放，API 可以提供附加函式清理之。在另外提供清理函式之際，該 API 看起來跟有 Handle 的 API 非常相似，這對於維護 API 相容性而言，帶來附加的彈性優勢。

不論被呼叫的函式是透過 Aggregate Instance 或 Out-Parameters 提供緩衝區，都必須對呼叫者清楚表示呼叫者自己擁有緩衝區，並負責釋放該緩衝區。在 API 中，必須清楚記載這個 Dedicated Ownership。

結果

呼叫者可以用單一函式呼叫提取之前不知大小的緩衝區。該函式是可重入的，可以在多執行緒環境中安全使用，並為呼叫者提供緩衝區及其大小的一致資訊。知其大小，呼叫者就可以安全地處理資料。例如，呼叫者甚至可以透過此種緩衝區處理傳送過來的無結束字元字串（unterminated string）。

呼叫者有緩衝區的擁有權，決定其生命期，並負責釋放之（就像採用 Handle 的情況一樣）。從介面角度而言，必須非常清楚地表示，呼叫者得這樣做。清楚表示的一個做法是將說明記載在 API 中。另一個方法是要有明確的清理函式，讓得清理的部分更為明顯。這樣的清理函式附帶額外的優勢，即同一個元件可配置記憶體與也能釋放該記憶體。若所涉及的兩個元件是由不同的編譯器編譯出來的，或是分別在不同的平台上執行這些元件，則這一點很重要——在這種情況下，元件之間配置和釋放記憶體的函式可能會不同，如此可強制配置記憶體的元件也得釋放該記憶體。

呼叫者不能決定緩衝區該用何種記憶體——用 Caller-Owned Buffer 的話，才能自己決定。此時，呼叫者必須使用在函式呼叫中配置的記憶體類型。

配置作業需要時間，這表示與 Caller-Owned Buffer 相比，該函式呼叫較慢且較無決定性。

已知應用

下列是此模式的應用範例：

- malloc 函式就是這樣做的。該函式會配置記憶體並供給呼叫者。

- strdup 函式會有個字串參數（輸入），配置出一模一樣的字串並回傳此字串。

- Linux 的 getifaddrs 函式提供 IP 位址設定的相關資訊。保存此資訊的資料會儲存在由該函式配置的緩衝區中。

- NetHack 程式碼使用此模式提取緩衝區。

運用於示例中

下列的診斷元件最終版程式碼，會提取聚集於（Callee Allocates 的）緩衝區的封包資料：

乙太網路驅動程式 API

```
struct Packet
{
  char data[1500]; /* 每個封包最多 1500 個位元組 */
  int size;        /* 封包內資料的實際大小 */
};

/* 回傳封包指標（該封包得由呼叫者釋放） */
struct Packet* ethernetDriverGetPacket();
```

呼叫者的程式碼

```
void ethShow()
{
  struct EthernetDriverStat eth_stat = ethernetDriverGetStatistics();
  printf("%i packets received\n", eth_stat.received_packets);
  printf("%i packets sent\n", eth_stat.total_sent_packets);
  printf("%i packets successfully sent\n",eth_stat.successfully_sent_packets);
  printf("%i packets failed to send\n", eth_stat.failed_sent_packets);

  const struct EthernetDriverInfo* eth_info = ethernetDriverGetInfo();
  printf("Driver name: %s\n", eth_info->name);
  printf("Driver description: %s\n", eth_info->description);

  struct IpAddress ip;
  ethernetDriverGetIp(&ip);
  printf("IP address: %s\n", ip.address);

  struct Packet* packet = ethernetDriverGetPacket();
  printf("Packet Dump:");
  fwrite(packet->data, 1, packet->size, stdout);
  free(packet);
}
```

藉由此診斷元件的最終版，我們可以從其中的所有呈現方式，了解如何提取源自另一個函式的資訊。因為一項資料擺在堆疊中，另一項資料放在堆積中，會有些混淆，所以將這些方法混合在一段程式碼中可能不是你實際想做的。當你配置緩衝區時，不想要混搭不同的做法，因此在單一函式中使用 Caller-Owned Buffer、Callee Allocates 可能不是你要的。反而是挑選適合你所有需求的做法，並在一個函式或元件內持續運用。如此讓你的程式碼更加一致，更容易被理解。

然而，若你必須從另一個元件取得單一資料，而你選擇使用較容易的替代方案提取資料（本章稍早介紹的模式），則一律這樣做，讓程式碼保持簡單狀態。例如，若你可以選擇將緩衝區放在堆疊中，那就這樣做，理由是這可減輕你釋放緩衝區的負擔。

總結

本章以多種方式說明如何從函式回傳資料，以及如何處理 C 的緩衝區。最簡單的方法是使用 Return Value 回傳單一資料，但若要回傳多項相關資料，則改用 Out-Parameters，或更完善的 Aggregate Instance。若要回傳的資料在執行期不會變更，則可以使用 Immutable Instance。回傳緩衝區的資料時，若預先知道緩衝區的大小，則可以用 Caller-Owned Buffer，若事先不知道的話，則可以用 Callee Allocates。

有了本章的模式，C 程式設計師就可獲得下列的基礎工具與指引：如何在函式之間傳輸資料以及如何處理回傳、配置、釋放緩衝區。

展望

下一章介紹如何將大型程式組成軟體模組，以及這些軟體模組如何處理資料的生命期與擁有權。這些模式呈現用於建構大型程式的建置區塊概觀。

第五章

資料生命期與擁有權

觀察程序式程式語言（譬如 C），會發現本身並無物件導向機制。因為大多數的設計指引都是針對物件導向軟體所為（如四人幫的設計模式），所以這樣會增加應用的某些難度。

本章探討的模式是：如何使用類物件元素（object-like element）讓 C 程式結構化。對於這些類物件元素，本章的模式主要論述這些元素的建立與銷毀作業負責者——換句話說，專門聚焦於生命期和擁有權。因為 C 沒有自動的解構式，無垃圾回收機制，因此必須特別關注資源的清理，所以該主題對 C 語言來說特別重要。

然而，什麼是「類物件元素」，其對於 C 有何含意？物件（*object*）這個術語在物件導向程式語言中有明確定義，但對於非物件導向程式語言而言，該術語的含意並不明確。就 C 語言來說，物件的簡單定義如下：

> 「物件是具名的儲存區域。」

—Kernightan 與 Ritchie

通常這樣的物件會描述一組相關資料（具某特性及一些屬性），用來儲存實際出現之事物的表徵。在物件導向程式設計中，物件還具有多型（polymorphism）和繼承（inheritance）能力。本書描述的類物件元素未含多型與繼承，因此我們不再用物件這個術語稱之。我們會把類物件元素直接當作資料結構實體，並將其稱為**實體**（*instance*）。

這樣的實體並非獨立存在，而通常會伴隨相關的數段程式碼（能執行實體相關作業的程式碼）。一般會將這些程式碼的介面部分組成一組標頭檔，而實作部分構成一組實作檔。本章所有相關程式碼的集合（類似於物件導向類別），通常會定義實體的可執行作業，該集合被稱為**軟體模組**（*software-module*）。

C 語言程式設計所描述的資料實體通常會以抽象資料型別實作（譬如，一個 struct 實體有存取該 struct 成員的函式）。例如 C stdlib 的 FILE struct 就是這種實體，其用於儲存諸如檔案指標或檔內位置的資訊。對應的軟體模組是 *stdio.h* API，其中實作的函式有 fopen、fclose，可存取 FILE 實體。

圖 5-1 概略呈現本章探討的模式以及這些模式彼此的關係，而表 5-1 列出這些模式的摘要。

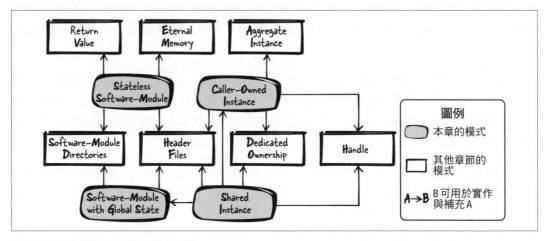

圖 5-1　生命期與擁有權的模式概觀

表 5-1　生命期與擁有權的模式

模式	摘要
Stateless Software-Module	你想要提供邏輯相關的功能給呼叫者，力求呼叫者易於使用的功能。因此，簡單實作函式，內容不用狀態資訊。將相關函式全部放入一個標頭檔，並將該軟體模組的介面提供給呼叫者。
Software-Module with Global State	你想要讓邏輯相關的程式碼結構化，該程式碼需要共同的狀態資訊，並力求呼叫者易於使用的內容。因此，有一個全域實體可讓你的相關函式共用資源。將執行實體相關作業的全部函式，放入一個標頭檔中，並將該軟體模組介面提供給呼叫者。
Caller-Owned Instance	你想要以相依的函式為多個呼叫者或執行緒提供存取功能，而且呼叫者與你的函式互動會建置狀態資訊。因此，需要呼叫者傳遞實體（用於儲存資源和狀態資訊的實體）給你的函式。提供明確的函式，用於建立及銷毀這些實體，讓呼叫者可以決定實體的生命期。
Shared Instance	你想要以相依的函式為多個呼叫者或執行緒提供存取功能，而且呼叫者與你的函式互動會建置狀態資訊（呼叫者要共用的資訊）。因此，需要呼叫者傳遞實體（用於儲存資源和狀態資訊的實體）給你的函式。同一個實體供多個呼叫者使用，將該實體的擁有權留在你的軟體模組中。

本章示例是要實作乙太網路介面卡的裝置驅動程式。乙太網路介面卡安裝於你的軟體執行所在的作業系統上，因此你可以使用 POSIX socket 函式傳送及接收網路資料。你想要為使用者建置某些抽象內容，即想要提供較容易的方式傳送和接收資料（與 socket 函式相較之下），而且想要對乙太網路驅動程式附加額外的功能。因此，你想要實作的內容是封裝 socket 所有細節。為了達成所求，一開始先用簡單 Stateless Software-Module。

Stateless Software-Module

情境

你想要提供具有相關功能的函式給呼叫者。這些函式不會處理彼此之間共用的資料，而且不需要準備函式呼叫前必須初始化的資源（如：記憶體）。

問題

你想要提供邏輯相關的功能給呼叫者，力求呼叫者易於使用的功能。

你想要讓呼叫者容易運用功能。呼叫者不應該處理函式的初始化及清理作業，而且呼叫者不應該涉及實作細節。

你不一定要讓這些函式在維護向下相容性的同時，還保有未來變更的彈性——這些函式反而應該為已實作的功能提供易於使用的抽象內容。

對於組織標頭檔和實作檔，你有許多做法可選，若必須針對實作的功能逐一定奪，則遍歷與評估每個選項就會顯得相當費力。

解決方案

簡單實作函式，內容不用狀態資訊。將相關函式全部放入一個標頭檔，並將該軟體模組的介面提供給呼叫者。

函式之間並無傳達或共用內部（或外部）狀態資訊，狀態資訊也不會於函式呼叫之間留存。這表示函式會計算結果或獨立執行動作，與 API（標頭檔）的其他函式呼叫或先前的函式呼叫無關。唯一的通訊發生於呼叫者與被呼叫函式之間（例如以 Return Values 形式為之）。

若函式需要資源（例如堆積記憶體），則必須以淺明方式為呼叫者處理資源。必須先獲取這些資源，在使用之前必須將其初始化（隱含執行），並於函式呼叫裡釋放資源。如此使得函式彼此的呼叫能夠完全獨立。

不過，這些函式還是有相關的，因而會將它們放在同一個 API 中。相關的意思是，這些函式通常會被呼叫者一起運用（介面隔離原則——interface segregation principle），若它們起了變化，就會因相同原因而變更（共同封閉原則——common closure principle）。Robert C. Martin 在《*Clean Architecture*》（Pendice Hall，2018）一書中論述這些原則。

將相關函式的宣告放入一個 Header File 中，並將這些函式的實作放入一個或多個實作檔裡，不過這兩種檔案皆置於同一個 Software-Module Directory 中。因為這些函式邏輯上是一體的，所以彼此是相關的，不過它們不共用狀態或影響彼此的狀態，因此不需要透過全域變數共用函式間的資訊，或藉由在函式間傳遞實體以封裝此資訊。這就是每個函式實作都可以放入各自實作檔的原因。

下列是簡單 Stateless Software-Module 的範例程式：

呼叫者的程式碼

```
int result = sum(10, 20);
```

API（標頭檔）

```
/* 回傳兩個參數的總和 */
int sum(int summand1, int summand2);
```

實作

```
int sum(int summand1, int summand2)
{
  /* 只依據參數計算結果（不需要任何狀態資訊） */
  return summand1 + summand2;
}
```

呼叫者呼叫 sum，並提取函式結果副本。若你以相同的輸入參數呼叫函式兩次，則因為 Stateless Software-Module 無維護狀態資訊，所以函式會有一模一樣的結果。就此特殊情況下，也不會呼叫留有狀態資訊的各種函式。

圖 5-2 為 Stateless Software-Module 概觀。

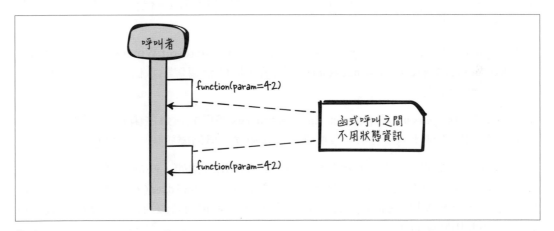

圖 5-2　Stateless Software-Module

結果

你有一個相當簡單的介面,呼叫者不必處理初始化或清理軟體模組的內容。呼叫者可以直接獨立呼叫其中一個函式,而不牽連先前的函式呼叫與程式的其他部分(例如,同時存取軟體模組的多個執行緒)。不用狀態資訊,即能更容易明白函式的功能。

因為呼叫者沒有擁有什麼,所以不必處理擁有權相關問題——函式沒有任何狀態。其中會在函式呼叫內配置及清理函式所需的資源,因此這些資源對於呼叫者而言是淺明的。

但這樣簡單的介面並不能夠提供所有功能。若 API 內的函式要共用狀態資訊或資料(例如,某函式必須配置另一個函式所需的資源),則必須採取不同的做法,譬如 Software-Module with Global State 或 Caller-Owned Instance,才能共用此資訊。

已知應用

每當 API 中的某函式不需要共用資訊(或狀態資訊)時,會發現這些類型的相關函式被集結到同一個 API 中。以下是該模式的應用範例:

- *math.h* 的 sin、cos 函式位於同一個標頭檔中,而且只以函式的輸入計算其結果。這些函式不維護狀態資訊,對於每次的呼叫而言,用相同的輸入就會產生相同的輸出。

- *string.h* 的 strcpy、strcat 函式彼此獨立。兩者不共用資訊,但合為一體,因此是單獨 API 的一部分。

- Windows 標頭檔 *VersionHelpers.h* 提供目前執行的 Microsoft Windows 的版本資訊。IsWindows7OrGreater、IsWindowsServer 等函式提供相關資訊,但這些函式仍不共用資訊,彼此獨立。

- Linux 標頭檔 *parser.h* 內有 match_int、match_hex 等函式。這些函式會試圖從子字串中剖析出整數或十六進位值。這些函式彼此獨立,但仍屬於同一個 API。

- 電玩 NetHack 的原始碼對於這個模式也有許多應用。例如,*vision.h* 標頭檔裡的函式可以計算玩家是否能夠看到遊戲地圖上的特定項目。couldsee(x,y) 函式計算玩家是否清晰可見該項目,cansee(x,y) 函式計算玩家是否正對著該項目。兩個函式彼此獨立,不共用狀態資訊。

- Header Files 模式為此模式的變體,其著重於 API 的彈性。

- Markus Voelter 等人在《*Remoting Patterns*》（Wiley，2007）一書中以 Per-Request Instance 模式，說明分散式物件中介軟體（middleware）的伺服器應該為每個叫用（invocation）啟用新的服務者，且應在服務者處理需求之後，回傳結果，並將服務者停用。這樣的伺服器呼叫不會維護狀態資訊，與 Stateless Software-Modules 的呼叫類似，但不同之處是 Stateless Software-Modules 不處理遠端物件。

運用於示例中

你的第一個裝置驅動程式內容如下所示：

API（標頭檔）

```
void sendByte(char data, char* destination_ip);
char receiveByte();
```

實作

```
void sendByte(char data, char* destination_ip)
{
  /* 開啟連到 destination_ip 的 socket，透過此 socket 傳送資料並關閉 socket */
}

char receiveByte()
{
  /* 開啟 socket 接收資料，等待一段時間，並回傳接收到的資料 */
}
```

乙太網路驅動程式的使用者不必處理實作細節（譬如：存取 socket），只要使用所提供的 API。隨時皆可獨立呼叫此 API 中的兩個函式，呼叫者可以取得函式所提供的資料，而不必涉及擁有權與資源釋放作業。使用此 API 不難，但也會有限制。

接著，你要為驅動程式提供其他函式。你想要讓使用者可以查看乙太網路通訊是否正常，因此你想要提供統計資料，以呈現傳送的（或接收的）位元組數。因為你沒有保留的記憶體，無法儲存狀態資訊（從一個函式呼叫傳到另一個函式呼叫的狀態資訊），所以使用簡單 Stateless Software-Module，並無法達成上述需求。

為此，你需要用 Software-Module with Global State。

Software-Module with Global State

情境

你想要提供具有相關功能的函式給呼叫者。這些函式會處理彼此之間共用的資料,而且可能需要準備於功能運用前必須初始化的資源(如:記憶體),但這些函式不需要與呼叫者有關的狀態資訊。

問題

你想要讓邏輯相關的程式碼結構化,該程式碼需要共同的狀態資訊,並力求呼叫者易於使用的內容。

你想要讓呼叫者容易運用功能。呼叫者不該處理函式的初始化與清理作業,而且呼叫者不應涉及實作細節。呼叫者不一定要明白這些函式會存取共同資料。

你不一定要讓這些函式在維護向下相容性的同時,還保有未來變更的彈性——這些函式反而應該為已實作的功能提供易於使用的抽象內容。

解決方案

有一個全域實體可讓你的相關函式實作共用資源。將執行實體相關作業的全部函式,放入一個標頭檔中,並將該軟體模組介面提供給呼叫者。

將函式宣告置於一個 Header File 中,並將軟體模組的所有實作置於 Software-Module Directory 的一個實作檔中。在此實作檔中,有一個全域實體(一個檔案範疇全域靜態 struct、或數個檔案範疇全域靜態變數——可參閱〈Eternal Memory〉),該實體為函式實作內容留存可共用的資源。而你的函式實作可以存取這些共用資源,類似於物件導向程式設計的私有(private)變數運作方式。

於軟體模組中淺明管理資源的初始化和生命期,並與其呼叫者的生命期彼此獨立。若你必須初始化資源,則可以在啟動時為之,也可以用延遲獲取(lazy acquisition),於需求資源前夕才初始化資源。

呼叫者無法從函式呼叫語法中得知這些函式會處理共同資源,因此你應該為呼叫者記載之。在你的軟體模組中,可能得由同步基元(諸如:Mutex)保護這些檔案範疇全域資源的存取作業,才能讓其他執行緒的多個呼叫者共用。在函式實作裡實現此需求,進而讓呼叫者不必處理同步作業。

下列是簡單 Software-Module with Global State 的範例程式：

呼叫者的程式碼

```
int result;
result = addNext(10);
result = addNext(20);
```

API（標頭檔）

```
/* 之前該函式呼叫所累計的值加上參數「value」。 */
int addNext(int value);
```

實作

```
static int sum = 0;

int addNext(int value)
{
  /* 依參數以及先前函式呼叫的狀態資訊，
     計算結果 */
  sum = sum + value;
  return sum;
}
```

呼叫者呼叫 addNext，並提取結果副本。用一樣的輸入參數呼叫該函式兩次時，因為函式會維護狀態資訊，所以該函式可能會產生不同的結果。

圖 5-3 為 Software-Module with Global State 概觀。

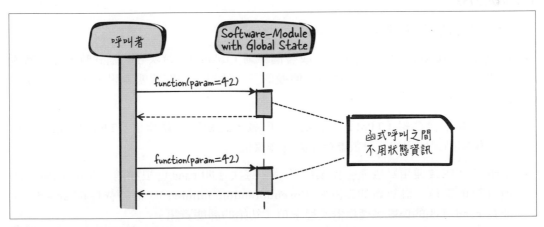

圖 5-3　Software-Module with Global State

結果

此時即使呼叫者不需要傳遞內含此共用資訊的參數，以及呼叫者不負責配置及清理資源，你的函式也可以共用資訊或資源。為了在你的軟體模組中共用此資訊，你實作了 C 語言版的 Singleton。注意 Singleton——許多人已論述該模式的缺點，而通常將其稱為反面模式。

不過在 C 中，這種 Software-Modules with Global State 很普遍，即在變數之前加個 `static` 關鍵字，輕而易舉，一旦如此為之，就存在著 Singleton。在某些情況下，這不會有問題。若你的實作檔很短，則檔案範疇全域變數與物件導向程式設計的私有變數很類似。若你的函式不需要狀態資訊或不在多執行緒環境中作業，則這樣做可能恰當。然而，若是針對多執行緒和狀態資訊的議題，而且你的實作檔內容越來越長，那就會有問題，Software-Module with Global State 將不再算是好的解決方案。

若你的 Software-Module with Global State 需要初始化，則不是得在初始化階段（例如系統啟動時）為之，就是使用延遲獲取於第一次使用資源前先初始化。然而，這樣做的缺點是，函式呼叫的運作時間有所不同，原因是第一次呼叫時，會隱含執行額外的初始化程式碼。無論如何，對呼叫者以淺明方式執行資源獲取。資源為你的軟體模組所擁有，因此呼叫者不必承擔資源的擁有權責，也不必明確獲取或釋放資源。

然而，這樣簡單的介面並不能夠提供所有功能。若 API 內的函式要共用呼叫者特定狀態資訊，則必須採取其他做法，譬如 Caller-Owned Instance。

已知應用

下列是此模式的應用範例：

- *string.h* 的 `strtok` 函式會將字串分成多個單詞（token）。每次呼叫函式時，都會遞送字串中的下一個單詞。為了獲得要傳遞的下一個單詞相關狀態資訊，該函式會使用靜態變數。

- 利用信賴平台模組（TPM），可以累計已載入之軟體的雜湊值。TPM-Emulator 0.7 版的相關函式使用靜態變數儲存此累計雜湊值。

- `math` 函式庫會運用亂數產生作業的狀態。每次呼叫 `rand` 會根據前一次的 `rand` 呼叫所計算的數值，計算新的偽亂數（pseudorandom number）。必須先呼叫 `srand`，才能為 `rand` 呼叫的偽亂數產生器設種子值（初始的靜態資訊）。

- 可將 Immutable Instance 視為 Software-Module with Global State 的一部分，以特殊情況來說，在執行期不會變更該實體。

- 電玩 NetHack 的原始碼會將項目（劍、盾）相關資訊儲存於編譯期定義的靜態串列中，並提供此共用資訊的存取函式。

- Markus Voelter 等人在《*Remoting Patterns*》（Wiley，2007）一書中以 Static Instance 模式建議讓遠端物件的生命期與呼叫者生命期脫鉤。例如，可以在啟動時初始化遠端物件，然後在需求時提供給呼叫者。Software-Module with Global State 也有靜態資料這樣的相同概念，但這不表示對於多個呼叫者要有多個實體。

運用於示例中

此時你的乙太網路驅動程式內容如下所示：

API（標頭檔）

```
void sendByte(char data, char* destination_ip);
char receiveByte();
int getNumberOfSentBytes();
int getNumberOfReceivedBytes();
```

實作

```
static int number_of_sent_bytes = 0;
static int number_of_received_bytes = 0;

void sendByte(char data, char* destination_ip)
{
  number_of_sent_bytes++;
  /* socket 內容 */
}

char receiveByte()
{
  number_of_received_bytes++;
  /* socket 內容 */
}

int getNumberOfSentBytes()
{
  return number_of_sent_bytes;
}

int getNumberOfReceivedBytes()
```

```
    {
        return number_of_received_bytes;
    }
```

該 API 看起來很像 Stateless Software-Module 的 API，但在此 API 的背後，此時具有的功能是保留函式呼叫之間的資訊，此為傳送與接收位元組計數器所需的內容。只要唯一的使用者（執行緒）使用此 API，就不會有問題。然而，若有多個執行緒，則對於靜態變數來說，你總會遇到下列問題：若不為靜態變數的存取實作互斥機制，則會發生競爭情況的問題。

一切就緒——此時你希望乙太網路驅動程式更有效率，想要傳送更多資料。你可以直接呼叫 sendByte 函式執行此功能，但在乙太網路驅動程式實作中，這表示對於每個 sendByte 呼叫，你得建立 socket 連線，傳送資料，關閉 socket 連線（重複作業）。建立和關閉 socket 連線會占用大部分的通訊時間。

這相當沒有效率，且你希望 socket 的連線只開啟一次，接著多次呼叫 sendByte 函式傳送所有資料，最後才關閉 socket 連線。但是目前你的 sendByte 函式需要準備與拆解階段。因為一旦有多個呼叫者（即多個執行緒），就會有問題或遇到多個呼叫者想要同時傳送資料——甚至可能傳送到不同的目的端，所以不能將這個狀態儲存於 Software-Module with Global State 中。

為此，讓每個呼叫者皆能使用 Caller-Owned Instance。

Caller-Owned Instance

情境

你想要提供具有相關功能的函式給呼叫者。這些函式會處理彼此之間共用的資料，而且可能需要準備於功能運用前必須初始化的資源（如：記憶體），這些函式會共用呼叫者特定的狀態資訊。

問題

你想要以相依的函式為多個呼叫者或執行緒提供存取功能，而且呼叫者與你的函式互動會建置狀態資訊。

可能在呼叫另一個函式之前必須先呼叫某個函式，即該函式會影響儲存在軟體模組中的狀態，而另一個函式需要此狀態資訊。這可利用 Software-Module with Global State 實現，但這只在有唯一的呼叫者，才能運作。在有多個呼叫者的多執行緒環境中，你不可能有個集中軟體模組會留存所有的呼叫者相關狀態資訊。

不過，你想要對呼叫者隱藏實作細節，而且希望讓呼叫者能夠輕易存取你的功能。若呼叫者負責配置與清理資源，則必須明確定義之。

解決方案

需要呼叫者傳遞實體（用於儲存資源和狀態資訊的實體）給你的函式。提供明確的函式，用於建立及銷毀這些實體，讓呼叫者可以決定實體的生命期。

為了實作可由多個函式存取的實體，需要共用資源或狀態資訊的函式配合傳遞一個 struct 指標。此時這些函式可以使用該 struct 的成員（類似於物件導向程式語言的私有變數）儲存及讀取資源、狀態資訊。

可在 API 中宣告該 struct，讓呼叫者便於直接存取其成員。或者可在實作中宣告該 struct，並僅於 API 中宣告此 struct 的指標（如 Handle 所示的）。呼叫者不知道此 struct 的成員（如同私有變數），而只能用相關的函式處理該 struct。

因為該實體必須由多個函式操控，而你不知道呼叫者何時完成函式呼叫作業，實體的生命期必須由呼叫者決定。因此，對呼叫者用 Dedicate Ownership，並提供明確的函式，用於建立及銷毀實體。呼叫者與實體有聚合（aggregate）關係。

聚合 *vs.* 關聯

若實體在語意上與另一個實體相關，則這些實體是關聯的。較強的關聯類型是聚合，其中一個實體有另一個實體的擁有權。

下列是簡單 Caller-Owned Instance 的範例程式：

呼叫者的程式碼

```
struct INSTANCE* inst;
inst = createInstance();
operateOnInstance(inst);
/* 存取 inst->x 或 inst->y */
destroyInstance(inst);
```

API（標頭檔）

```
struct INSTANCE
{
    int x;
    int y;
};

/* 建立「operateOnInstance」函式運用所需的實體 */
struct INSTANCE* createInstance();

/* 處理存於該實體中的資料 */
void operateOnInstance(struct INSTANCE* inst);

/* 清理「createInstance」所建的實體 */
void destroyInstance(struct INSTANCE* inst);
```

實作

```
struct INSTANCE* createInstance()
{
    struct INSTANCE* inst;
    inst = malloc(sizeof(struct INSTANCE));
    return inst;
}

void operateOnInstance(struct INSTANCE* inst)
{
    /* 運用 inst->x 與 inst->y */
}

void destroyInstance(struct INSTANCE* inst)
{
    free(inst);
}
```

operateOnInstance 函式的運作會用到前一個函式呼叫（即 createInstance 函式呼叫）所建立的資源。兩個函式呼叫之間的資源或狀態資訊是由呼叫者傳送，呼叫者必須為每個函式呼叫提供 INSTANCE，還必須呼叫 destroyInstance 清理所有資源。

圖 5-4 為 Caller-Owned Instance 概觀。

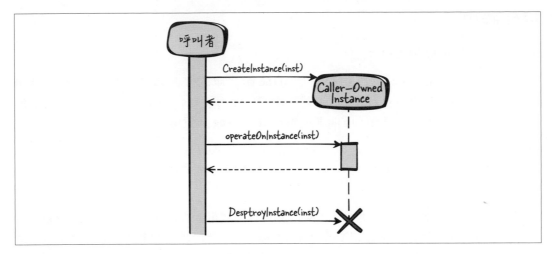

圖 5-4　Caller-Owned Instance

結果

你 API 中的函式此刻更為強大,理由是這些函式可以共用狀態資訊,處理共用資料,同時還能供多個呼叫者(即多個執行緒)運用。每個已建立的 Caller-Owned 實體都有自己的私有變數,即使建立多個這樣的 Caller-Owned 實體(例如,多執行緒環境中的多個呼叫者所為),也不會有問題。

然而,為了達到目的,你的 API 會變得更加複雜。因為 C 沒有建構式與解構式,所以你必須明確執行 create() 和 destroy() 呼叫,管理實體的生命期。因為呼叫者取得擁有權,並負責清理實體,所以這使得實體的處理變得困難許多。由於這需要人為執行 destroy() 呼叫達成(而非透過像物件導向程式語言的解構式這樣自動完成),因而會落入記憶體流失的常見陷阱。可用 Object-Based Error Handling 處理此議題,該模式表示呼叫者也應該有專門的清理函式,以讓任務更為明確。

此外,相較於 Stateless Software-Module 而言,每個函式的呼叫會變得更加複雜。每個函式都要有個額外的參數用於參考實體,而且不能不按順序呼叫函式——呼叫者必須知道首先要呼叫哪個函式。這可透過函式簽名式明確呈現。

已知應用

下列是此模式的應用範例：

- Caller-Owned Instance 的應用範例是 glibc 函式庫的雙向鏈結串列（doubly linked list）。呼叫者會使用 `g_list_alloc` 建立串列，而用 `g_list_insert` 將項目插入此串列中。該串列的運用結束時，呼叫者會用 `g_list_free` 負責清理此串列。

- Robert Strandh 在〈Modular C〉（*https://oreil.ly/UVodl*）一文中描述此模式。其中說明如何編寫模組化的 C 程式。該文表示應著重指定程式中抽象資料型別（可用函式操控與存取的）。

- 於功能表列中建立功能表的 Windows API，有函式可建立功能表實體（`CreateMenu`）、執行功能表相關作業（譬如 `InsertMenuItem`）、銷毀功能表實體（`DestroyMenu`）。這些函式都有一個參數，可將 Handle 傳給功能表實體。

- Apache 處理 HTTP 請求的軟體模組中，有函式可建立所需的請求資訊（`ap_sub_req_lookup_uri`）、處理該資訊（`ap_run_sub_req`）、銷毀該資訊（`ap_destroy_sub_req`）。這些函式為了共用請求資訊，會接受請求實體的一個 `struct` 指標。

- 電玩 NetHack 的原始碼以一個 `struct` 實體表示妖怪，並提供產生與銷毀妖怪的函式。NetHack 還有取得妖怪資訊的函式（`is_starting_pet`、`is_vampshifter`）。

- Markus Voelter 等人在《*Remoting Patterns*》（Wiley，2007）一書中以 Client-Dependent Instance 模式建議為分散式物件中介軟體，提供由用戶端控制物件生命期的遠端物件。伺服器會為用戶端建立新實體，而用戶端可以運用、傳遞、銷毀這些實體。

運用於示例中

此時你的乙太網路驅動程式內容如下所示：

API（標頭檔）

```
struct Sender
{
  char destination_ip[16];
  int socket;
};

struct Sender* createSender(char* destination_ip);
void sendByte(struct Sender* s, char data);
void destroySender(struct Sender* s);
```

實作

```
struct Sender* createSender(char* destination_ip)
{
  struct Sender* s = malloc(sizeof(struct Sender));
  /* 建立連至 destination_ip 的 socket，並將其儲存於 Sender s 中 */
  return s;
}

void sendByte(struct Sender* s, char data)
{
  number_of_sent_bytes++;
  /* 透過位於 Sender s 中的 socket 傳送資料 */
}

void destroySender(struct Sender* s)
{
  /* 關閉位於 Sender s 中的 socket */
  free(s);
}
```

呼叫者首先建立傳送者，接著傳送所有資料，然後銷毀該傳送者。因此，呼叫者可以確保每個 sendByte() 呼叫都不必再次建立 socket 連線。呼叫者擁有已建立的傳送者，可完全控制傳送者的生命期，並具清理傳送者的職責：

呼叫者的程式碼

```
struct Sender* s = createSender("192.168.0.1");
char* dataToSend = "Hello World!";
char* pointer = dataToSend;
while(*pointer != '\0')
{
  sendByte(s, *pointer);
  pointer++;
}
destroySender(s);
```

接著，假設你不是此 API 的唯一使用者。可能有多個執行緒使用這個 API。只要有一個執行緒建立傳送者 X（將資料傳到 IP 位址 X），另一個執行緒建立傳送者 Y（將資料傳到 IP 位址 Y），那不會有問題，乙太網路驅動程式會為這兩個執行緒建立獨立的 socket。

然而，假設兩個執行緒想要傳送資料給同一個接收者。此時，乙太網路驅動程式會有問題，原因是每個目的端 IP 對於一個特定埠只能開啟一個 socket。此問題的解決方案是不讓兩個執行緒傳送資料至同一個目的端——第二個傳送者執行緒在建立時可能直接收到錯誤。不過讓這兩個執行緒用同一個傳送者傳送資料也是可行的。

為此，只需建構 Shared Instance。

Shared Instance

情境

你想要提供具有相關功能的函式給呼叫者。這些函式會處理共用的資料，而且可能需要準備於功能運用前必須初始化的資源（如：記憶體）。可在多個環境中叫用該功能，而呼叫者彼此共用這些環境。

問題

你想要以相依的函式為多個呼叫者或執行緒提供存取功能，而且呼叫者與你的函式互動會建置狀態資訊（呼叫者要共用的資訊）。

不能將狀態資訊儲存於 Software-Module with Global State 中，原因是有多個呼叫者想要建置各自的狀態資訊。因為某些呼叫者想要存取、處理同一個實體，或為了維持低資源成本而不想替每個呼叫者建立新實體，所以不能將每個呼叫者的狀態資訊儲存在 Caller-Owned Instance 中。

不過，你想要對呼叫者隱藏實作細節，而且希望讓呼叫者能夠輕易存取你的功能。若呼叫者負責配置與清理資源，則必須明確定義之。

解決方案

需要呼叫者傳遞實體（用於儲存資源和狀態資訊的實體）給你的函式。同一個實體供多個呼叫者使用，將該實體的擁有權留在你的軟體模組中。

正如同 Caller-Owned Instance 一般，提供一個 struct 的指標或 Handle，讓呼叫者循著函式呼叫傳遞之。在建立實體時，此刻呼叫者也必須提供 ID（例如，唯一名稱），指定要建立的實體型別。藉由此 ID，你可以知道是否已存在這樣的實體。若已經存在，則不會建立新實體，而是回傳現存實體的某 struct 指標或 Handle（該現存實體是你之前建立並回傳給其他呼叫者使用的）。

為了確認實體存在與否，你必須在軟體模組中保留已建立的實體串列。為了保存該串列，可實作 Software-Module with Global State 達成所求。除了實體存在與否的內容，還可以儲存的資訊是實體的目前存取者，不然至少要保存的是目前存取某實體的呼叫者數量。因為大家對某實體的存取皆已完成時，你的職責就是清理該實體（理由是你有該實體的 Dedicated Ownership），所以這個附加資訊是必要的。

就同一個實體來說，你也必須確認多個呼叫者是否可同時呼叫你的函式。在某些簡單的情況下，因為只有讀取的作業，所以可能沒有資料的存取必須由多個呼叫者以互斥作業處置。在這種情況下，可以實作 Immutable Instance（不讓呼叫者變更該實體）。但在其他情況下，針對整個實體共用的資源，你必須實作互斥功能。

下列是簡單 Shared Instance 的範例程式：

呼叫者 1 的程式碼

```
struct INSTANCE* inst = openInstance(INSTANCE_TYPE_B);
/* 執行實體相關作業（與呼叫者 2 共用同一個實體） */
operateOnInstance(inst);
closeInstance(inst);
```

呼叫者 2 的程式碼

```
struct INSTANCE* inst = openInstance(INSTANCE_TYPE_B);
/* 執行實體相關作業（與呼叫者 1 共用同一個實體） */
operateOnInstance(inst);
closeInstance(inst);
```

API（標頭檔）

```
struct INSTANCE
{
  int x;
  int y;
};

/* 作為 openInstance 函式的 ID */
#define INSTANCE_TYPE_A 1
#define INSTANCE_TYPE_B 2
#define INSTANCE_TYPE_C 3

/* 提取由參數「id」所指定的實體。若其他呼叫者以此「id」未能提取到對應實體，
   則會建立該實體。 */
struct INSTANCE* openInstance(int id);

/* 處理存於該實體中的資料 */
```

```
void operateOnInstance(struct INSTANCE* inst);
```

```
/* 釋放「openInstance」所提取的實體。
    若所有呼叫者釋放某實體,則該實體會被銷毀。*/
void closeInstance(struct INSTANCE* inst);
```

實作

```c
#define MAX_INSTANCES 4

struct INSTANCELIST
{
  struct INSTANCE* inst;
  int count;
};

static struct INSTANCELIST list[MAX_INSTANCES];

struct INSTANCE* openInstance(int id)
{
  if(list[id].count == 0)
  {
    list[id].inst =  malloc(sizeof(struct INSTANCE));
  }
  list[id].count++;
  return list[id].inst;
}

void operateOnInstance(struct INSTANCE* inst)
{
  /* 運用 inst->x 與 inst->y */
}

static int getInstanceId(struct INSTANCE* inst)
{
  int i;
  for(i=0; i<MAX_INSTANCES; i++)
  {
    if(inst == list[i].inst)
    {
      break;
    }
  }
  return i;
}

void closeInstance(struct INSTANCE* inst)
```

```
{
  int id = getInstanceId(inst);
  list[id].count--;
  if(list[id].count == 0)
  {
    free(inst);
  }
}
```

呼叫者會呼叫 openInstance 提取 INSTANCE。INSTANCE 可能是由這個函式呼叫所建，或可能先前函式呼叫建立的，也可能供另一個呼叫者使用。而呼叫者可以將 INSTANCE 傳至 operateOnInstance 函式呼叫，以將 INSTANCE 的必要資源與狀態資訊提供給此函式。當作業完成時，若其他呼叫者不再執行 INSTANCE 相關作業，則呼叫者必須呼叫 closeInstance，這樣才能清理資源。

圖 5-5 為 Shared Instance 概觀。

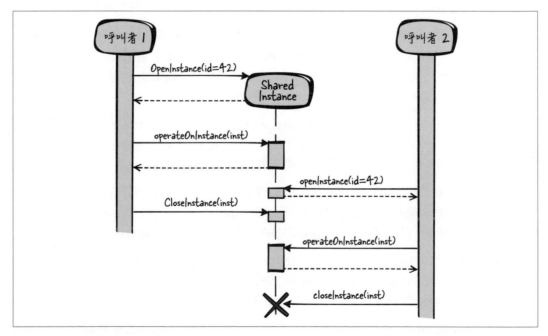

圖 5-5　Shared Instance

結果

此時，多個呼叫者可同時存取單一實體。這往往表示你必須於實作中處理互斥作業，才不會讓使用者為這些議題煩惱。因為呼叫者始終不曉得目前是否有其他呼叫者使用同一個資源，而將資源封鎖，所以表示函式呼叫的運作時間會有所不同。

你的軟體模組（而非呼叫者）有該實體的擁有權，所以要負責清理資源。呼叫者仍然得負責釋放資源，才能讓軟體模組知道何時清理一切——如同 Caller-Owned Instance 一樣，這是記憶體流失的陷阱。

因為軟體模組有該實體的擁有權，所以不用呼叫者展開清理作業也能直接清理實體。例如，若軟體模組收到作業系統的關機訊號，則可以直接清理其擁有的所有實體。

已知應用

下列是此模式的應用範例：

- Shared Instance 的應用例子是 *stdio.h* 的檔案處理函式。多個呼叫者可以用 fopen 函式開啟檔案。呼叫者會提取檔案的 Handle，才能讀寫該檔（用 fread、fprintf 函式讀寫）。檔案是共用資源。例如，對於所有呼叫者來說，檔案中會有一個全域游標。當呼叫者完成檔案作業時，必須用 fclose 關閉該檔。

- Kevlin Henney 在〈C++ Patterns: Reference Accounting〉（*https://oreil.ly/inThj*）一文中以 Counting Handle 呈現物件導向程式語言對該模式的實作細節。其中描述如何存取置於堆積裡的共用物件，以及如何淺明處理該物件生命期。

- 多個執行緒可以用 RegCreateKey 函式同時存取 Windows 登錄（該函式對於已存在的機碼會直接將其開啟）。此函式會提供一個 Handle，讓其他函式用於執行登錄機碼的作業。當登錄作業完成時，該機碼的每個開啟者必須呼叫 RegCloseKey 函式。

- 存取 Mutex 的 Windows 功能（CreateMutex），可用於存取多個執行緒共用的資源（Mutex）。以 Mutex 實作程序間同步（interprocess synchronization）。當 Mutex 運用完畢，每個呼叫者都必須用 CloseHandle 函式將其關閉。

- B&R Automation Runtime 作業系統可讓多個呼叫者同時存取裝置驅動程式。呼叫者會使用 DmDeviceOpen 函式選取其中一個可用的裝置。裝置驅動程式框架會檢查所選的驅動程式是否可用，然後提供一個 Handle 給呼叫者。若多個呼叫者用同一個驅動程式執行作業，則這些呼叫者會共用該 Handle。而各個呼叫者可以同時與該驅動程式互動（傳送資料、讀取資料、以 IO 控制函式互動等等），並在此互動完成之後，呼叫 DmDeviceClose，告知裝置驅動程式框架。

運用於示例中

此時，驅動程式中會另外實作下列函式：

API（標頭檔）

```
struct Sender* openSender(char* destination_ip);
void sendByte(struct Sender* s, char data);
void closeSender(struct Sender* s);
```

實作

```
struct Sender* openSender(char* destination_ip)
{
  struct Sender* s;
  if(isInSenderList(destination_ip))
  {
    s = getSenderFromList(destination_ip);
  }
  else
  {
    s = createSender(destination_ip);
  }
  increaseNumberOfCallers(s);
  return s;
}

void sendByte(struct Sender* s, char data)
{
  number_of_sent_bytes++;
  /* 透過位於 Sender s 中的 socket 傳送資料 */
}

void closeSender(struct Sender* s)
{
  decreaseNumberOfCallers(s);
  if(numberOfCallers(s) == 0)
  {
    /* 關閉位於 Sender s 中的 socket */
    free(s);
  }
}
```

該示例的 API 並無太大變化——你的驅動程式此時提供開啟與關閉函式,而非建立與銷毀函式。呼叫者可呼叫這類函式,提取傳送者的 Handle,並向驅動程式表示該呼叫者目前正要操作某個傳送者,但此驅動程式不一定會在當下建立這個傳送者。這可能是先前對驅動程式的呼叫所為(可能是由其他執行緒執行的)。另外,關閉呼叫實際上可能不會銷毀傳送者。驅動程式實作裡保有該傳送者的擁有權,驅動程式可以決定何時銷毀傳送者(例如,當所有呼叫者關閉這個傳送者時,或收到某個終止訊號時)。

此時你有個 Shared Instance(而非 Caller-Owned Instance),這個事實對於呼叫者而言,大多是淺明的。但是,驅動程式實作已有變化——注意,是否已建立特定的傳送者,並提供此共用實例,而非建立新傳送者。當開啟傳送者時,呼叫者不知道該傳送者是新建的,還是提取現行的。據此,函式呼叫的運作時間可能會有所不同。

在此所示的驅動程式示例,以單一範例呈現多種擁有權與資料生命期。我們目睹簡單的乙太網路驅動程式是如何藉由新增功能而演變的。首先,因驅動程式不需要狀態資訊,而用 Stateless Software-Module 就夠了。接著,因需要相關狀態資訊,而在驅動程式中用 Software-Module with Global State 實現。然後,因需要較有效率的傳送函式,以及對於這些函式有多個呼叫者,而先用 Caller-Owned Instance 實作,下一步則用 Shared Instance 實現。

總結

本章的模式呈現出 C 程式的多種結構化方式,以及程式中多種實體生命期。表 5-2 為這些模式的綜述及其效果比較。

表 5-2　生命期和擁有權的模式比較

	Stateless Software-Module	Software-Module with Global State	Caller-Owned Instance	Shared Instance
函式間的資源共享	不可行	單一資源集	每個實體資源集(=每個呼叫者資源集)	每個實體資源集(由多個呼叫者共用的)
資源擁有權	無擁有	軟體模組擁有靜態資料	呼叫者擁有實體	軟體模組擁有實體並提供參考
資源生命期	資源存活於函式呼叫期間內	靜態資料始終存活於軟體模組中	實體存活到被呼叫者銷毀時	實體存活到被軟體模組銷毀時
資源初始化	不用初始化	於編譯期或啟動時	建立實體時由呼叫者為之	第一個呼叫者開啟實體時由軟體模組為之

藉由這些模式，C 程式設計師對於下列兩項的設計抉擇可獲得一些基本的指引：「將程式組成軟體模組」以及「實體建構時所涉及的擁有權與生命期」。

深究

本章的模式描述如何存取實體，以及何者有這些實體的擁有權。Markus Voelter 等人在《*Remoting Patterns*》（Wiley，2007）一書的模式子集中描述非常類似的主題。該書為建置分散式物件中介軟體提供相關模式，其中三種模式聚焦於遠端伺服器所建立之物件的生命期和擁有權。與其相較，本章呈現的模式著重於不同的環境。並非針對遠端系統的模式，而是用於本機程序程式的模式。其主要用於 C 程式設計，但其他程式語言也可運用這些模式。不過，這些模式裡的某些基礎概念與《*Remoting Patterns*》的概念相當類似。

展望

下一章將介紹各種軟體模組介面，特別著重於如何讓介面具有彈性。這些模式將闡述簡單與彈性兩者的取捨。

第六章

有彈性的 API

編寫軟體時，因為介面存在的制約，於系統運作之後，往往不能再變更，所以設計介面時，具備適當程度的彈性與抽象內容是相當重要的。因此，重點是將穩定的宣告放入介面中，以及實作細節抽象化，這些細節應具有後續變更的彈性。

就物件導向程式語言來說，你會找到關於如何設計介面的諸多指引（例如，以設計模式的形式表達），但針對像 C 這樣的程序式程式語言而言，這種指引並不多。有一份 SOLID 設計原則（參閱本章開頭補充內容），就一般的情況描述如何設計好的軟體。然而，對於 C 語言來說，很難找到介面設計相關的詳細指引，而本章的模式就可以為此派上用場。

SOLID

SOLID 原則陳述如何實作品質好、有彈性、可維護的軟體。

單一職責原則（*Single-responsibility principle*）
　　程式碼只有一個職責（只有一個未來會被改變的理由）。

開放封閉原則（*Open-closed principle*）
　　程式碼因行為變化而開放，但不需要改變現有的程式碼。

里氏替換原則（*Liskow substitution principle*）
　　對呼叫者而言，實作相同介面的程式碼應該是可互換的。

圖 6-1 呈現本章所述的四個模式及其相關模式，表 6-1 為此四個模式的摘要。注意，並非得將本章所有的模式一律套用於各種可能的情境中。一般而言，設計系統時最好不要比系統本身必要的功能還複雜。這表示只有在 API 已需要或未來可能需要相關的彈性，才運用本章所述的某些模式。若可能不需要某模式，則也許就不該套用，才能讓 API 保持簡單明瞭。

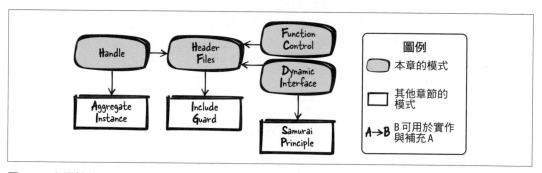

圖 6-1　有彈性的 API 模式概觀

表 6-1　有彈性的 API 模式

模式	摘要
Header Files	你想要實作的功能可供其他實作檔的程式碼存取，但你希望對呼叫者隱藏該功能的實作細節。因此，針對要提供給使用者的功能，你會將其函式宣告放在 API 中。而將內部函式、內部資料及函式定義（實作）隱藏在實作檔中，並不會把該實作檔提供給使用者。
Handle	你必須在函式實作中共用狀態資訊或處理共用資源，但你不希望呼叫者看到或存取所有狀態資訊和共用資源。因此，會有個函式用於建立供呼叫者作業的環境，並回傳該環境內部資料的抽象指標。呼叫者需要將該指標傳給你的所有功能函式，才可以使用內部資料儲存狀態資訊和資源。

模式	摘要
Dynamic Interface	應該能呼叫稍有差異行為的實作,而不需要多加重複的程式碼,甚至連重複的控制邏輯實作與介面宣告也免了。因此,為你的 API 中有差異的功能定義共同介面,並要求呼叫者提供該功能的回呼函式,而在函式實作中呼叫該回呼函式。
Function Control	你想要呼叫稍有差異行為的實作,但不希望多加重複的程式碼,甚至連重複的控制邏輯實作或介面宣告也免了。因此,在你的函式中新增一個參數,用於傳遞與函式呼叫相關的元資訊(meta-information),以及指定要執行的實際功能。

本章的示例是要實作乙太網路介面卡的裝置驅動程式。該介面卡的韌體有數個暫存器(register),讓你可以傳送或接收資料,以及設定該介面卡。你想要為這些硬體細節建置某些抽象內容,而且若你變更某些部分的實作,則要確保 API 的使用者不因此受到影響。為此,你將建置由 Header Files 組成的 API。

Header Files

情境

你用 C 編寫大型軟體,將該軟體分成數個函式,並以多個檔案實作這些函式,目的是讓你的程式模組化以及好維護。

問題

你想要實作的功能可供其他實作檔的程式碼存取,但你希望對呼叫者隱藏該功能的實作細節。

與許多物件導向程式語言不同的是,C 沒有內建下列的支援:API 定義、功能抽象化、強制呼叫者僅能存取抽象內容。C 只支援一個機制:將檔案引入其他檔案中。

程式碼的呼叫者可以使用該機制,直接引入你的實作檔。而呼叫者可以存取該檔的所有內部資料,諸如變數或函式(此為你只打算在內部使用的檔案範疇)。一旦呼叫者使用此內部功能,之後可能就不易變更功能,因此程式碼可能會在你意料之外的地方發生緊密耦合。若呼叫者引入實作檔,則其內部變數和函式的名稱可能會與呼叫者所用的名稱衝突。

解決方案

針對要提供給使用者的功能，你會將其函式宣告放在 API 中。而將內部函式、內部資料及函式定義（實作）隱藏在實作檔中，並不會把該實作檔提供給使用者。

C 的常見慣例是，你的軟體函式使用者僅使用標頭檔（*.h 檔案）中有定義的函式，且不會使用實作檔（*.c 檔案）裡的其他函式。在某些情況下，可以局部執行此抽象措施（例如，不能使用另一個檔案的 static 函式），但 C 語言並未全面支援此種強行措施。因此，不存取其他實作檔的慣例，甚至比該強行機制更為重要。

確保在你的標頭檔中引入你函式所需的所有相關項目。不該為了能夠使用你標頭檔中的功能還要讓呼叫者引入其他標頭檔。若你有多個標頭檔中所需的共同宣告（例如資料型別或 #define），則將這些宣告放在單獨一個標頭檔中，並在（需要這些宣告的）其他標頭檔中引入這個標頭檔。為了讓標頭檔於編譯單元中不會被多次引入，可用 Include Guards 保護。

只將相關的函式放在同一個標頭檔。若函式用同一個 Handle 作業，或於同一個領域執行作業（如數學運算），則表示應將這些函式擺在同一個標頭檔中。一般而言，若你可以找到相關的使用案例，其中需要用到的所有函式，都應該放入同一個標頭檔中。

於標頭檔中清楚記載 API 的行為。不該要求使用者查看實作內容，才能理解 API 中函式的運作方式。

下列是 Header File 的範例程式：

API（h 檔案）

```
/* 以遞增順序排序「array」的數值。「length」定義「array」的元素數量。 */
void sort(int* array, int length);
```

實作（c 檔案）

```
void sort(int* array, int length)
{
  /* 實作內容在此 */
}
```

結果

「與呼叫者相關的內容（*.h 檔案）」和「呼叫者不必在意的實作細節（*.c 檔案）」，兩者有非常明確的區隔。因此，對於呼叫者來說，你可以將某些功能抽象化。

多個標頭檔會影響你的建置時間。一方面，如此讓你可以把實作內容分成多個檔案，而使得你的工具鏈可進行漸進建置（僅重新建置被變更的檔案）。另一方面，與將所有程式碼放在一個檔案中相比，就此完成重建的時間會稍微增加，即建置時所有檔案都必須開啟、讀取。

若你發現你的函式彼此需要更多互動，或在需要不同內部狀態資訊的各個環境中呼叫你的函式，則你必須考量如何用你的 API 實現所需。在這樣的情況下，可用 Handle 協助。

此時，你的函式呼叫者依賴抽象內容，而且可能指望的事實是這些函式的行為不會變更。API 可能得保持穩定。若要新增功能，你可以一律在 API 中加入對應的新函式。但在某些情況下，你可能想要擴充現有的函式，並且可以應付這樣的未來變化，你得考量如何讓你的函式有彈性，同時讓這些函式維持穩定。Handles、Dynamic Interfaces、Function Controls 可以協助處理這樣的情況。

已知應用

下列是此模式的應用範例：

- 比簡單「Hello World」複雜的 C 程式幾乎都含有標頭檔。

- C 使用的標頭檔，類似 Java 介面或 C++ 抽象類別（abstract class）。

- Pimpl Idiom 描述如何隱藏私有實作細節，而不將其置於標頭檔中。你可以在 Portland Pattern Repository 找到該慣用法的敘述。

運用於示例中

你的第一個裝置驅動程式 API 內容如下所示：

```
void sendByte(char byte);
char receiveByte();
void setIpAddress(char* ip);
void setMacAddress(char* mac);
```

API 的使用者不必面對實作細節（例如怎樣存取乙太網路暫存器），而且你可以在不影響使用者的情況下，自由變更這些細節。

現在你的驅動程式需求變更。你的系統有第二個（同款的）乙太網路介面卡，而應該可以同時操作兩者。以下是實現此需求的兩個簡單選擇：

- 你複製程式碼，而每個網路介面卡分別對應一段程式碼。於複製的程式碼中，你只需修改要存取的確切介面的位址。然而，這樣的程式碼重複情況絕對不是好主意，而且使得程式碼的維護更加困難。

- 就每個函式來說，你可以新增一個參數，用於指定網路介面卡（例如裝置名稱字串）。但很可能得在函式之間共用多個參數，並將每個參數傳給每個函式，進而讓你的 API 不好用。

若要支援多個乙太網路介面卡，較好的做法是於 API 中用 Handles。

Handle

情境

你想要提供一組函式給呼叫者，這些函式會處理共用資源，或共用狀態資訊。

問題

你必須在函式實作中共用狀態資訊或處理共用資源，但你不希望呼叫者看到或存取所有狀態資訊和共用資源。

因為之後你可能想要變更或擴增這些內容，而不需要因此調整呼叫者的程式碼，所以應始終不讓呼叫者碰觸該狀態資訊及共用資源。

在物件導向程式語言中，函式可處理的資料是以類別成員變數呈現。若呼叫者不該存取這些變數，則可以將變數宣告成私有的。不過，C 本身並無支援類別與私有成員變數。

因為應該要在多種環境中可以呼叫你的函式，所以直接用 Software-Module with Global State 將靜態全域變數置於你的實作檔中，以儲存函式之間共用的資料，就此情況並不適合。對於每個呼叫者來說，應該能夠為其函式呼叫建置對應的狀態資訊。即使呼叫者依然看不到這些資訊，你也需要設法識別哪些資訊屬於哪個特定呼叫者，以及如何在你的函式實作中存取這些資訊。

解決方案

會有個函式用於建立供呼叫者作業的環境，並回傳該環境內部資料的抽象指標。呼叫者需要將該指標傳給你的所有功能函式，才可以使用內部資料儲存狀態資訊和資源。

你的函式知道如何解譯此抽象指標，其為不透明的資料型別，又稱為 Handle。然而，其所指到的資料結構不應該是 API 的一部分。此 API 的功能僅是將隱藏資料轉送給函式。

可將 Handle 實作成 Aggregate Instance（如：一個 struct）指標。該 struct 應該包含所有必要的狀態資訊或其他變數——通常會以變數形式留存，類似物件導向程式設計中宣告為物件成員變數。此 struct 應該被隱藏在你的實作中。API 只包含該 struct 之指標的定義，如下列程式碼所示：

API

```
typedef struct SORT_STRUCT* SORT_HANDLE;

SORT_HANDLE prepareSort(int* array, int length);
void sort(SORT_HANDLE context);
```

實作

```
struct SORT_STRUCT
{
  int* array;
  int length;
  /* 其他參數（譬如排序順序） */
};

SORT_HANDLE prepareSort(int* array, int length)
{
  struct SORT_STRUCT* context = malloc(sizeof(struct SORT_STRUCT));
  context->array = array;
  context->length = length;

  /* 以必要資料或狀態資訊填充環境內容 */

  return context;
}

void sort(SORT_HANDLE context)
{
  /* 處理環境資料 */
}
```

API 中有個函式用於建立 Handle。此函式會將該 Handle 回傳給呼叫者。而呼叫者可以呼叫需此 Handle 的 API 函式。在大部分情況下，你也需要一個函式用於刪除該 Handle（即清理已配置的所有資源）。

結果

此時你可以在函式之間共用狀態資訊和資源，而不用呼叫者費心，也不會讓呼叫者有機會將程式碼依賴這些內部項目。

支援多個資料實體。你可以多次呼叫建立 Handle 的函式，取得多個環境，而可以個別運用這些環境。

若 Handle 作業函式在之後有變更，而且必須共用另外的資料，則只需更改此 struct 的成員，而不必動到呼叫者的程式碼。

因為你的函式都需要 Handle，所以這些函式宣告會明確顯示彼此緊密耦合。一方面，這讓我們輕易得知哪些函式應放入同一個 Header File，而另一方面，也讓呼叫者很容易發現哪些函式應該一併運用。

有了 Handle，此時你要求呼叫者為所有的函式呼叫提供額外的參數，而且每個附加的參數都會使得程式碼令人難以閱讀。

已知應用

下列是此模式的應用範例：

- C 標準函式庫的 *stdio.h* 內含 FILE 定義。在大部分的實作中，將這個 FILE 定義成一個 struct 指標，而該 struct 不是標頭檔的一部分。該 FILE handle 是由 fopen 函式所建的，然後可以就已開啟的檔案呼叫其他作業函式（fwrite、fread 等等）。

- OpenSSL 程式碼的 struct AES_KEY 用於交換數個函式間的環境（與 AES 加密相關的函式，如：AES_set_decrypt_key、AES_set_encrypt_key）。因為 OpenSSL 其他程式碼中有些部分需要知道這個 struct 的大小，所以該 struct 及其成員並沒有被隱藏在實作中，而是成為標頭檔的一部分。

- Subversion 專案記錄功能的程式碼會運用 Handle。記錄功能的實作檔中有定義 struct logger_t，該 struct 的指標之定義則位於對應的標頭檔中。

- David R. Hanson 在《*C Interfaces and Implementations*》（Addison-Wesley，1996）一書中以「First Class Abstract Data Type Pattern」描述這個模式。

運用於示例中

此時可以如你所願支援多個乙太網路介面卡。每個已建的驅動程式實體都會產生自己的資料環境，而透過 Handle 傳給函式。此刻你的裝置驅動程式 API 如下所示：

```
/* INTERNAL_DRIVER_STRUCT 含有函式共用的資料
    (譬如，如何選取該驅動程式負責的介面卡) */
typedef struct INTERNAL_DRIVER_STRUCT* DRIVER_HANDLE;

/* 「initArg」包含實作的資訊 (用於識別該驅動程式實體的確切介面) */
DRIVER_HANDLE driverCreate(void* initArg);
void driverDestroy(DRIVER_HANDLE h);
void sendByte(DRIVER_HANDLE h, char byte);
char receiveByte(DRIVER_HANDLE h);
void setIpAddress(DRIVER_HANDLE h, char* ip);
void setMacAddress(DRIVER_HANDLE h, char* mac);
```

你的需求再度變更。此時，你必須支援多個不同款的乙太網路介面卡，例如源自不同供應商的網路卡。這些網路卡有類似的功能，不過其暫存器存取的細節卻各有不同，因此針對不同款的驅動程式需要有不一樣的實作。以下是支援此需求的兩個簡單選擇：

- 你有兩種驅動程式 API。該做法的缺點是，使用者對於執行期選用驅動程式的機制建立不易。此外，因為兩個裝置驅動程式至少共用一個控制流程（譬如，用於建立或銷毀驅動程式），所以兩套 API 會有重複的程式碼。

- 你可以將 sendByteDriverA、sendByteDriverB 等函式加入你的 API 中。然而，因為驅動程式的所有函式擺在單一 API 中可能會讓 API 使用者混淆，所以你通常希望 API 內容極簡。此外，使用者的程式碼會依賴你的 API 引入的所有函式簽名式，若程式碼依賴某內容，則該內容應該極簡（如介面隔離原則所述）。

若要支援不同款的乙太網路介面卡，較好的做法是 Dynamic Interface。

Dynamic Interface

情境

你或呼叫者想要實作多個功能，這些功能依循類似的控制邏輯，但這些功能會有些差異的行為。

問題

應該能呼叫稍有差異行為的實作，而不需要多加重複的程式碼，甚至連重複的控制邏輯實作與介面宣告也免了。

你想要之後能在已宣告的介面中附加其他實作行為，而使用現行實作行為的呼叫者不需要因此變更其程式碼內容。

也許你不僅想要為呼叫者提供各種的行為（不用重複加入你自己的程式碼），還希望為呼叫者提供一個機制，引入他們自己的實作行為。

解決方案

為你的 API 中有差異的功能定義共同介面，並要求呼叫者提供該功能的回呼函式，而在函式實作中呼叫該回呼函式。

為了用 C 實作這樣的介面，要在你的 API 中定義函式簽名式。而呼叫者會依據這些簽名式實作函式，並透過函式指標附掛這些函式。函式可被附掛（並永久儲存）在軟體模組內，也可以被附掛在每個函式呼叫中，如下列程式碼所示：

API
```
/* 若 x 小於 y，則比較函式應該回傳 true，否則回傳 false */
typedef bool (*COMPARE_FP)(int x, int y);

void sort(COMPARE_FP compare, int* array, int length);
```

實作
```
void sort(COMPARE_FP compare, int* array, int length)
{
  int i, j;
  for(i=0; i<length; i++)
  {
    for(j=i; j<length; j++)
    {
      /* 呼叫給定的使用者函式 */
      if(compare(array[i], array[j]))
      {
        swap(&array[i], &array[j]);
      }
    }
  }
}
```

呼叫者

```
#define ARRAY_SIZE 4

bool compareFunction(int x, int y)
{
  return x<y;
}

void sortData()
{
  int array[ARRAY_SIZE] = {3, 5, 6, 1};
  sort(compareFunction, array, ARRAY_SIZE);
}
```

確保函式簽名式定義之後，緊接著清楚記載，函式實作該有的行為是什麼。此外，要記載的是，若無這樣的函式實作被附掛到你的函式呼叫時，會出現什麼行為。也許你因此會中止程式執行（Samurai Principle），或者會以一些預設功能應變。

結果

呼叫者可以使用不一樣的實作，而依然無程式碼重複情況。控制邏輯、介面或介面說明內容也都不會重複。

呼叫者可以在之後新增實作，而不用動到 API。這表示 API 設計者和實作提供者的職責可以完全分開。

此時你的程式碼執行呼叫者的程式碼。因此，你必須指望呼叫者知道該函式必須做的事。若呼叫者的程式碼有錯誤，則畢竟在你的程式碼環境中有異常行為，所以最初仍可能會懷疑問題出在你的程式碼中。

採用函式指標表示你有平台特定暨程式語言特定的介面。僅於呼叫者的程式碼也以 C 編寫時，你才能使用這個模式。你不能把編列（marshaling）功能加入介面中，並供給諸如以 Java 編寫之應用程式的呼叫者使用。

已知應用

下列是此模式的應用範例：

- James Grenning 在〈SOLID Design for Embedded C〉（*https://oreil.ly/kGZVG*）一文中說明此模式及其變體（Per-Type Dynamic Interface）。

- 在此所示的解決方案是 C 語言版的 Strategy 設計模式。你可以在以下的書籍中找到該模式的其他 C 語言實作方案：Adam Tornhill 所著的《*Patterns in C*》（Leanpub，2014），以及 R. Hanson 所著的《*C Interfaces and Implementations*》（Addison-Wesley，1996）。

- 裝置驅動程式框架通常使用函式指標，其中驅動程式會在啟動時插入自己的函式。Linux 核心的裝置驅動程式通常會以這種方式運作。

- Subversion 專案原始碼的 svn_sort__hash 函式依某個鍵（key）值對串列排序。該函式有個參數是 comparison_func 函式指標。comparison_func 必須回傳資訊（即兩個給定的鍵值中何者較大）。

- OpenSSL 的 OPENSSL_LH_new 函式會建立雜湊表（hash table）。呼叫者必須將某函式指標提供給雜湊函式，作為該雜湊函式的雜湊表作業的回呼（函式）。

- Wireshark 程式碼內有 proto_tree_foreach_func 函式指標，其作為遍歷樹狀結構時的函式參數。該函式指標用於決定要對樹狀結構元素執行哪些動作。

運用於示例中

此時你的驅動程式 API 支援多款乙太網路介面卡。這些網路介面卡的特定驅動程式必須實作傳送和接收函式，並以單獨的標頭檔提供這些函式。而 API 使用者可以將這些特定的傳送和接收函式引入與附掛到 API 中。

你可從中獲益的是，你的 API 使用者可以帶入自己的驅動程式實作。因此，身為 API 設計者的你可與驅動程式實作的提供者彼此獨立。整合新的驅動程式不需要動到 API，這表示不需要身為 API 設計者的你出馬。用下列的 API 就能辦到了：

```
typedef struct INTERNAL_DRIVER_STRUCT* DRIVER_HANDLE;
typedef void (*DriverSend_FP)(char byte);        /* 這是 */
typedef char (*DriverReceive_FP)();              /* 介面定義 */

struct DriverFunctions
{
  DriverSend_FP fpSend;
  DriverReceive_FP fpReceive;
};

DRIVER_HANDLE driverCreate(void* initArg, struct DriverFunctions f);
void driverDestroy(DRIVER_HANDLE h);
void sendByte(DRIVER_HANDLE h, char byte);    /* 內部呼叫 fpSend */
```

```
char receiveByte(DRIVER_HANDLE h);              /* 內部呼叫 fpReceive */
void setIpAddress(DRIVER_HANDLE h, char* ip);
void setMacAddress(DRIVER_HANDLE h, char* mac);
```

需求再度改變了。此時你不僅要支援乙太網路介面卡,也要支援其他介面卡(譬如 USB 介面卡)。以 API 的角度來看,這些介面有些類似的功能(傳送和接收資料函式),不過也有些功能迥異(例如 USB 介面無 IP 位址可設,卻需要其他設定)。

簡單的解決方案就是為不同類型的驅動程式提供不同款的 API(共兩款 API)。不過這樣會讓傳送 / 接收及建立 / 銷毀函式出現重複的程式碼。

在單一抽象 API 中支援不同類型的裝置驅動程式,其中較好的做法是採用 Function Control。

Function Control

情境

你想要依循類似的控制邏輯實作多個功能,而這些功能的行為會有些差異。

問題

你想要呼叫稍有差異行為的實作,但不希望多加重複的程式碼,甚至連重複的控制邏輯實作或介面宣告也免了。

呼叫者應該能夠使用你實作的特定現行行為。你甚至可以之後加入新行為,而不會觸及現有的實作,也不需要變更呼叫者現有的程式碼。

因為你不希望為呼叫者提供附掛自行實作內容的彈性,所以就此並不適合用 Dynamic Interface。可能的理由是該介面應該讓呼叫者更容易使用。或者可能的原由是你無法輕易附掛呼叫者的實作,例如若你的呼叫者以另一個程式語言所寫的程式存取你的功能,就會出現這樣的情況。

解決方案

在你的函式中新增一個參數,用於傳遞與函式呼叫相關的元資訊,以及指定要執行的實際功能。

相較於 Dynamic Interface，你不需要呼叫者提供實作，而是讓呼叫者從現有實作中選取。

為了實作此模式，你可以另外新增一個可指定函式行為的參數（例如，一個 enum 或 #define 整數值）以應用資料為主的抽象內容，以指定函式的行為。而在實作中估算該參數，並依參數的結果值，對應呼叫各自的實作：

API

```
#define QUICK_SORT 1
#define MERGE_SORT 2
#define RADIX_SORT 3

void sort(int algo, int* array, int length);
```

實作

```
void sort(int algo, int* array, int length)
{
  switch(algo)
  {
    case QUICK_SORT: ❶
      quicksort(array, length);
    break;
    case MERGE_SORT:
      mergesort(array, length);
    break;
    case RADIX_SORT:
      radixsort(array, length);
    break;
  }
}
```

❶ 當之後加入新功能時，你只需加入新的 enum 或 #define 值，並選取對應的新實作。

結果

呼叫者可以使用不一樣的實作，而依然無程式碼重複情況。控制邏輯、介面或介面說明內容也都不會重複。

之後可輕易新增功能。不用動到現有實作即可達成，而呼叫者現有的程式碼也不會因此變更而所有影響。

與 Dynamic Interface 相比，此模式因為沒有程式特定指標得由 API 傳遞，所以更容易跨不同程式或平台（例如遠端程序呼叫）選取功能。

當以一個函式供應不同實作行為的選擇時，你可能會想要將無緊密耦合的多個功能包成單一函式。如此會違反單一職責原則。

已知應用

下列是此模式的應用範例：

- 裝置驅動程式通常會使用 Function Control 傳遞特定功能，而這些功能並不適合納入一般的初始化 / 讀取 / 寫入函式中。對於裝置驅動程式而言，此模式通常被稱為 I/O-Control。Elecia White 在《*Making Embedded Systems: Design Patterns for Great Software*》一書中描述此一概念。

- 某些 Linux 系統呼叫（syscall）被擴充，因而具有旗標，這些旗標可擴展系統呼叫的功能，其中以旗標值選擇功能，不會動到原本的程式碼。

- Martin Reddy 在《*API Design for C++*》一書中就一般情況描述資料驅動 API 的概念。

- OpenSSL 程式碼使用 CTerr 函式記錄錯誤。此函式會有個 enum 參數，用於指定錯誤記錄的方式與位置。

- POSIX socket 的 ioctl 函式有個數值參數 cmd，該參數可指定對某 socket 所執行的實際動作。此參數的容許值被定義與記載在一個標頭檔中，而自從該標頭檔的第一個 release 版之後，額外新增不少值，因此也加了許多功能行為。

- Subversion 專案的 svn_fs_ioctl 函式會執行某些檔案系統特定的輸入或輸出作業。此函式會有個 struct svn_fs_ioctl_code_t 參數。此 struct 內含的一個數值用於決定應執行何種作業。

運用於示例中

下列是裝置驅動程式 API 的最終版：

Driver.h

```
typedef struct INTERNAL_DRIVER_STRUCT* DRIVER_HANDLE;
typedef void (*DriverSend_FP)(char byte);
typedef char (*DriverReceive_FP)();
typedef void (*DriverIOCTL_FP)(int ioctl, void* context);
```

```
struct DriverFunctions
{
  DriverSend_FP fpSend;
  DriverReceive_FP fpReceive;
  DriverIOCTL_FP fpIOCTL;
};

DRIVER_HANDLE driverCreate(void* initArg, struct DriverFunctions f);
void driverDestroy(DRIVER_HANDLE h);
void sendByte(DRIVER_HANDLE h, char byte);
char receiveByte(DRIVER_HANDLE h);
void driverIOCTL(DRIVER_HANDLE h, int ioctl, void* context);
/* 必要參數「context」，用於傳遞資訊（例如要設定的 IP 位址）給該實作 */
```

EthIOCTL.h

```
#define SET_IP_ADDRESS   1
#define SET_MAC_ADDRESS 2
```

UsbIOCTL.h

```
#define SET_USB_PROTOCOL_TYPE    3
```

想要使用乙太網路或 USB 特定函式的使用者（例如，實際透過該介面傳送或接收資料的
應用程式）必須知道其所操作的驅動程式類型為何，才能呼叫正確的 I/O-control，當然
也必須引入 *EthIOCTL.h* 或 *UsbIOCTL.h* 檔案。

圖 6-2 呈現此裝置驅動程式 API 最終版的原始碼檔案的引入關係。注意，*EthApplication.c*
未依賴 USB 特定標頭檔。例如若加入額外的 USB-IOCTL，則程式碼裡的 *EthApplication.c*
所依賴的檔案皆無變化，所以實際上不需要重新編譯這個原始碼檔。

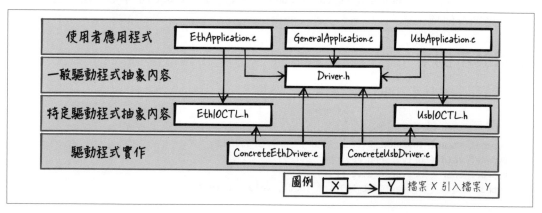

圖 6-2 函式控制的檔案關係

注意，本章呈現的所有程式碼片段中——裝置驅動程式最終版——這個最具彈性的程式碼片段不一定是你始終在尋找的程式碼片段。你以介面的複雜度換得更多的彈性，雖然必須按需求盡量讓你的程式碼保有彈性，但也應該始終試著盡量讓你的程式碼保持簡單。

總結

本章討論 C 的四個 API 模式，並以示例（如何設計一個驅動程式）說明這些模式的應用。Header Files 描述的基本概念是將實作細節隱藏在 c 檔案中，同時在 h 檔案中提供明確定義的介面。Handle 模式是為了共用狀態資訊而於函式之間傳遞不透明資料型別，這是眾所周知的概念。Dynamic Interface 可容許透過回呼函式注入呼叫者的特定程式碼，而不會多加重複的程式邏輯。Function Control 使用另外一個函式參數指定函式呼叫應該執行的實際動作。這些模式呈現出基本的 C 設計選項，引入抽象內容讓介面更有彈性。

深究

若你想要知道更多內容，以下有些資源能夠協助你累積 API 設計的知識。

- James Grenning 在〈SOLID Design for Embedded C〉（*https://oreil.ly/07SUX*）一文中就一般情況描述五個 SOLID 設計原則，並介紹 C 介面彈性的實作方法。這篇文章的獨特之處：這是專門論述 C 介面主題的唯一一篇文章，其中還包括詳細的程式碼片段。

- Adam Tornhill 在《*Patterns in C*》（Leanpub，2014）一書中介紹數個模式（內含 C 程式碼片段）。這些模式包括 C 語言版的四人幫模式（如 Strategy、Observer），以及 C 特定的模式與慣用法。本書沒有明確論及介面，但其中某些模式描述介面層次的互動。

- Martin Reddy 在《*API Design for C++*》（MorganKaufmann，2011）一書中論及介面設計原則、物件導向介面模式（含 C++ 範例）與介面品質議題（如測試和文件方面）。本書聚焦於 C++ 設計，但書中的一些內容也與 C 有關。

- David R. Hanson 在《*C Interfaces and Implementations*》（Addison-Wesley，1996）一書中介紹介面設計，其中包括以 C 語言實作的特定元件（C 程式碼）。

展望

下一章將詳細介紹如何為相當特定類型的應用程式找到適當程度的抽象內容與貼切的介面：其中描述如何設計與實作迭代器（iterator）。

第七章

有彈性的迭代器介面

遍歷（迭代處理）一組元素，是各種程式中常見的作業。對於元素的迭代作業，有些程式語言為本身內建功能，而物件導向程式語言以設計模式的形式，為如何實作通用的迭代功能，提供相關指引。然而，對於像 C 這樣的程序語言來說，這種指引相對稀少。

動詞「迭代」（iterate）表示要多次執行同樣的動作。在程式設計中，通常表示在針對多個資料元素執行相同的程式碼。這樣的作業往往是必要的，這也是 C 本身有支援陣列的原因，如下列程式碼所示：

```
for (i=0; i<MAX_ARRAY_SIZE; i++)
{
  doSomethingWith(my_array[i]);
}
```

若你想要遍歷一個不同尋常的資料結構，例如：紅黑樹（red-black tree），則必須實作對應的迭代函式。你可以讓該函式搭配資料結構特定的迭代作業選項，譬如是以深度優先（depth-first）或廣度優先（breadth-first）方式走訪樹狀結構。已有文獻說明如何實作這些特定資料結構，以及這些資料結構的迭代介面模樣。若你使用這樣的資料結構特定介面執行迭代作業，而基礎資料結構有所變更時，則必須調整你的迭代函式以及呼叫該函式的所有程式碼。在某些情況下，這倒還好，甚至是必要的，理由是你想要為所對應的資料結構執行特定類型的迭代作業——可能是為了程式碼效能最佳化。

在其他情況下，若你必須提供跨元件的迭代介面，則因為之後可能需要變更介面，所以如此缺少實作細節的抽象內容並不適用。例如，若你把內有迭代函式的元件賣給客戶，而客戶使用這些函式撰寫程式碼，則當你提供新版元件（裡面可能採用不同資料結構）給客戶時，客戶可能會以為自己的程式碼不需要更改就可以直接運作。在這種情況下，你甚至會對你的實作多付一些額外的心力，以確保與客戶的介面能夠持續相容，讓客戶不需要變更（或甚至可以不用重新編譯）他們的程式碼。

這就是本章的開場。我將論述三個模式，針對身為迭代器實作者的你，說明如何提供穩定的迭代器介面給使用者（客戶）。這些模式不會針對特定類型的資料結構描述特定迭代器。而是假設在實作中，你已有函式可從基礎資料結構中提取元素。為了提供穩定的迭代介面，這些模式會說明必須對相關函式抽象化的抉擇。

圖 7-1 概略呈現本章探討的模式以及這些模式彼此的關係，而表 7-1 列出這些模式的摘要。

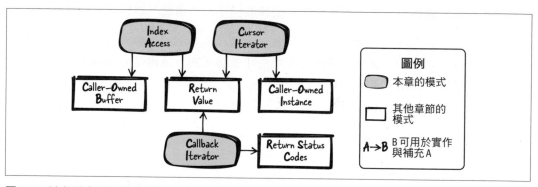

圖 7-1 迭代器介面的模式概觀

表 7-1　迭代器介面的模式

模式	摘要
Index Access	你想要讓使用者能夠以便利的方式迭代處理資料結構裡的元素，並且應該可以變更資料結構的內部，而不會造成使用者程式碼跟著變更的情況。因此，提供一個函式並以一個索引參數指定基礎資料結構中的元素，以及回傳此元素的內容。使用者會在迴圈中呼叫此函式，迭代處理所有元素。
Cursor Iterator	你想要為使用者提供迭代介面，在迭代作業期間發生元素變更的情況下，該介面依然穩健表現，讓你能夠在之後變更基礎資料結構時，不需要動到使用者的程式碼。因此，建立一個迭代器實體，用於索引基礎資料結構中的元素。迭代函式以此迭代器實體作為引數，提取迭代器目前所指的元素，並調整該迭代實體指到下一個元素。而使用者反覆呼叫這個函式，一次提取一個元素。
Callback Iterator	你想要提供一個穩健的迭代介面，不需要使用者在程式碼中實作迴圈，迭代處理所有元素，而且可讓你在之後變更基礎資料結構時，不會動到使用者的程式碼。因此，使用現存的資料結構特定作業，於你的實作中遍歷所有元素，並在此迭代作業期間針對每個元素呼叫給定的使用者函式。這個使用者函式會以此元素內容作為參數，而可以就該元素執行相關作業。使用者只呼叫一個函式觸發該迭代作業，而整個迭代作業會在你的實作中進行。

示例

你已用基礎資料結構實作應用程式的存取控制元件，其中有個函式可以隨機存取任何元素。更具體而言，在下列程式碼中，有個 struct 陣列會儲存用戶資訊，譬如登入名稱和密碼：

```
struct ACCOUNT
{
  char loginname[MAX_NAME_LENGTH];
  char password[MAX_PWD_LENGTH];
};
struct ACCOUNT accountData[MAX_USERS];
```

下列程式碼說明使用者如何存取此 struct，讀取特定資料（譬如登入名稱）：

```
void accessData()
{
  char* loginname;

  loginname = accountData[0].loginname;
  /* 運用 loginname */
```

```
    loginname = accountData[1].loginname;
    /* 運用 loginname */
}
```

當然，你根本不用在意你的資料結構存取抽象化，讓其他程式設計師直接提取該 struct 的指標，以迴圈處理 struct 元素，存取 struct 中的任何資訊。但因為你的資料結構中可能會有你不想提供給用戶端的資訊，所以這並非好主意。若你必須持續向用戶端確保介面的穩定，則因為用戶端可能會使用你曾經揭露的資訊，以及你不希望動到用戶端的程式碼，而無法將這些資訊移除。

為了避免發生這個問題，較好的想法是讓使用者只存取所需的資訊。簡單的解決方案是用 Index Access。

Index Access

情境

你有一組元素儲存在資料結構中，可供隨機存取。例如，你有個陣列或資料庫，搭配可隨機提取其內單一元素的函式。使用者想要迭代處理這些元素。

問題

你想要讓使用者能夠以便利的方式迭代處理資料結構裡的元素，並且應該可以變更資料結構的內部，而不會造成使用者程式碼跟著變更的情況。

使用者可能是會寫程式的某人，他的程式碼並沒有跟你的程式庫一起改版或釋出，因此，你必須確保「你實作的未來版本」也能與「使用者針對你目前實作版本所寫的程式碼」一同運作。因此，使用者不應該能夠存取任何內部實作細節，諸如你用於留存元素的基礎資料結構，原因是你可能想要在之後變更其內容。

解決方案

提供一個函式並以一個索引參數指定基礎資料結構中的元素，以及回傳此元素的內容。使用者會在迴圈中呼叫此函式，迭代處理所有元素，如圖 7-2 所示。

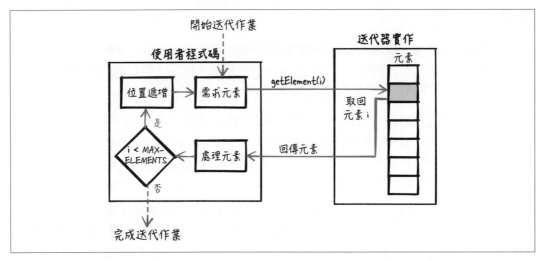

圖 7-2　索引存取的迭代作業

與此模式等同的做法是，在陣列中，使用者只會使用索引提取一個陣列元素值，或迭代處理所有元素。但當你有個函式可接受這樣的一個索引時，不需要使用者的知悉也可以迭代處理更複雜的基礎資料結構。

為了達到所需，僅向使用者提供其關注的資料，而不會揭露基礎資料結構的所有元素。例如，不要回傳整個 strucu 元素的指標，只將使用者關注的 struct 成員的指標回傳：

呼叫者的程式碼

```
void* element;

element = getElement(1);
/* 處理元素 1 */

element = getElement(2);
/* 處理元素 2 */
```

迭代器 *API*

```
#define MAX_ELEMENTS 42

/* 提取由給定「index」所指的單一元素 */
void* getElement(int index);
```

結果

使用者可用索引輕易反覆指到其程式碼的元素，進而提取對應元素。他們不必處理（蒐集這些資料的）內部資料結構。若實作的某內容有變更（例如，將已提取的 `struct` 成員重新命名），則使用者無需重新編譯自己的程式碼。

基礎資料結構的其他變更可能會讓情況變得更加困難。例如，若基礎資料結構從（隨機存取的）陣列改為（循序存取的）鏈結串列，則你每次都得遍歷該串列，直到達到所要求的索引。這並不是有效率的做法，為了確保另外容許基礎資料結構中的這些變更，最好改用 Cursor Iterator 或 Callback Iterator。

若使用者僅提取基本資料型別（即以 C 函式的 Return Value 回傳的內容），則使用者會隱含提取該元素的副本。若在基礎資料結構中的對應元素同時變更，則這樣並不會影響使用者。但若使用者提取較複雜的資料型別（如字串），則與直接存取基礎資料結構的簡單做法相比，Index Access 的優點是，你能以執行緒安全的方式複製現存資料元素，並提供給使用者（用 Caller-Owned Buffer）。

存取一組元素時，使用者通常想要遍歷所有元素。若有人與此同時新增或移除基礎資料中的元素，則使用者對可存取元素之索引的認知可能會變成無效，而且在迭代作業期間，這樣可能會無意中提取一個元素兩次。簡單的解決方法是將使用者關注的所有元素複製到陣列中，並將此專用陣列提供給使用者，讓使用者可以方便遍歷此陣列。使用者會有該副本的 Dedicated Ownership，甚至可以修改元素。但若無明確需求的話，複製全部元素可能不值得。一個較省事的解決方案：使用者不必擔心迭代作業期間對基礎資料順序的變更，而是用 Callback Iterator。

已知應用

下列是此模式的應用範例：

- James Noble 在〈Iterators and Encapsulation〉（*https://oreil.ly/fganK*）一文中描述 External Iterato 模式。此為本節模式所述概念的物件導向版本。

- Mark Allen Weiss 在《*Data Structures and Problem Solving Using Java*》（Addison-Wesley，2006）一書中描述這種做法，並以「類陣列介面存取」（access with an array-like interface）稱之。

- Wireshark 程式碼的 `service_response_time_get_column_name` 函式會回傳統計資料表的欄（column）名。以使用者提供的索引參數指到要回傳的名稱。欄名無法在執行期變更，因此即使在多執行緒環境中存取資料或迭代處理欄名稱都是安全的。

- Subversion 專案包含用於建置字串表格的程式碼。你可以利用 `svn_fs_x__string_table_get` 函式存取這些字串。此函式有一個索引參數，用於指定要提取的字串。提取的字串會複製到給定的緩衝區中。

- OpenSSL 的 `TXT_DB_get_by_index` 函式會從文字資料庫提取索引所取的字串，並將其儲存在給定的緩衝區中。

運用於示例中

此時你有單純的抽象內容，可用於讀取登入名稱，而且不會將內部實作細節揭露給使用者：

```
char* getLoginName(int index)
{
  return accountData[index].loginname;
}
```

使用者不必處理基礎 struct 陣列的存取。如此的優點是使用者較容易存取所需資料，而不會動用到非替使用者準備的資訊。例如，無法存取你 struct 的子元素（即你可能想要在未來變更的部分，而且因為你不希望為此影響使用者的程式碼，所以只有在無人存取這些資料時，才會變更其中的內容）。

例如此介面的使用者想要撰寫函式，檢查所有的登入名稱是否以字母「X」開頭，而編寫下列程式碼：

```
bool anyoneWithX()
{
  int i;
  for(i=0; i<MAX_USERS; i++)
  {
    char* loginName = getLoginName(i);
    if(loginName[0] == 'X')
    {
      return true;
    }
  }
  return false;
}
```

在你用於儲存登入名稱的資料結構變更之前，你對你的實作內容感到滿意，在那之後你需要以更便利的方式插入、刪除用戶資料，這在以純陣列儲存資料的情況下相當難為。此時，登入名稱不再儲存於單純陣列中，而是放在基礎資料結構中，以為你提供從一個元素到下一個元素的取用作業（而無提供隨機存取元素的作業）。更具體而言，你有個可存取的鏈結串列，如下所示：

```
struct ACCOUNT_NODE
{
  char loginname[MAX_NAME_LENGTH];
  char password[MAX_PWD_LENGTH];
  struct ACCOUNT_NODE* next;
};

struct ACCOUNT_NODE* accountList;

struct ACCOUNT_NODE* getFirst()
{
  return accountList;
}

struct ACCOUNT_NODE* getNext(struct ACCOUNT_NODE* current)
{
  return current->next;
}

void accessData()
{
  struct ACCOUNT_NODE* account = getFirst();
  char* loginname = account->loginname;
  account = getNext(account);
  loginname = account->loginname;
  ...
}
```

這會讓你目前的介面運用有困難，該介面一次提供一個隨機索引存取的登入名稱。為了進一步支援此需求，你必須呼叫 getNext 函式模擬索引，並持續計數，直到到達索引的元素。這是沒有效率的做法。因為你設計介面的方式不夠有彈性，所以得要接受這些麻煩事。

為了讓作業更加容易，可用 Cursor Iterator 存取登入名稱。

Cursor Iterator

情境

你有一組元素儲存在資料結構中，可供隨機或循序存取。例如，你有個陣列、鏈結串列、雜湊映射（hash map）、樹狀資料結構。使用者想要迭代處理這些元素。

問題

你想要為使用者提供迭代介面，在迭代作業期間發生元素變更的情況下，該介面依然穩健表現，讓你能夠在之後變更基礎資料結構時，不需要動到使用者的程式碼。

使用者可能是會寫程式的某人，他的程式碼並沒有跟你的程式庫一起改版或釋出，因此，你必須確保「你實作的未來版本」也能與「使用者針對你目前實作版本所寫的程式碼」一同運作。因此，使用者不應該能夠存取任何內部實作細節，諸如你用於留存元素的基礎資料結構，原因是你可能想要在之後變更其內容。

除此之外，在多執行緒環境中作業之際，若使用者在迭代處理元素時，該元素內容有所變更，則你想要為使用者提供穩健與明確定義的行為。即使是複雜的資料（例如字串），當使用者想要讀取時，也應該不必擔心其他執行緒會變更該資料。

你不在意為了達成目的而是否必須付出額外的實作負擔，因為許多使用者會使用你的程式碼，所以若你能在自己的程式碼中實作所需，讓使用者免於這些負擔，則整體的負擔就會降低。

解決方案

建立一個迭代器實體，用於索引基礎資料結構中的元素。迭代函式以此迭代器實體作為引數，提取迭代器目前所指的元素，並調整該迭代實體指到下一個元素。而使用者反覆呼叫這個函式，一次提取一個元素，如圖 7-3 所示。

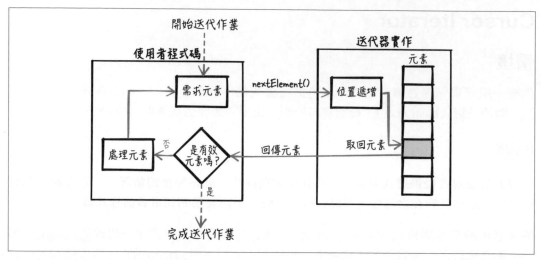

圖 7-3　Cursor Iterator 的迭代作業

迭代器介面需要兩個函式分別用於建立和銷毀迭代器實體，以及一個函式用於執行實際的迭代作業和提取目前的元素。有明確的建立 / 銷毀函式，就可能會有一個實體，讓你可將內部的迭代作業資料（位置、目前元素的資料）置於實體中。而使用者必須將此實體傳給你的迭代函式呼叫，如下所示：

呼叫者的程式碼

```
void* element;
ITERATOR* it = createIterator();

while(element = getNext(it))
{
  /* 處理元素 */
}

destroyIterator(it);
```

迭代器 API

```
/* 建立一個迭代器，並將其移至第一個元素 */
ITERATOR* createIterator();

/* 回傳目前所指的元素，並將該迭代器改指下一個元素。
   若無下一個元素，則回傳 NULL。 */
void* getNext(ITERATOR* iterator);
```

```
/* 清理以 createIterator() 函式所建的迭代器 */
void destroyIterator(ITERATOR* iterator);
```

若你不想要使用者能夠存取該內部資料，則可以隱藏該資料，改成以 Handle 提供給使用者。如此一來，即使更改迭代實體的此內部資料，也不會影響使用者。

提取目前元素時，基本資料型別可以直接以 Return Value 提供。複雜資料型別可用參考回傳，也可以將其複製到迭代器實體中。將它們複製到迭代器實體的好處是資料一致，即使在此期間基礎資料結構中的資料變更（例如原因是多執行緒環境中的他者修改這些資料），也是如此。

結果

只要提取到有效的元素，使用者只需呼叫 getNext 方法就可以迭代處理資料。他們不必處理（蒐集這些資料的）內部資料結構，也不用擔心元素索引或元素的最大數量。不過無法索引元素也表示使用者無法隨機存取元素（這可以用 Index Access 解決）。

即使基礎資料結構變更，例如將鏈結串列改成隨機存取資料結構（如：陣列），也可以將變更的部分隱藏在迭代器實作中，使用者不需要變更或重新編譯自己的程式碼。

無論使用者提取哪種資料 —— 簡單或複雜資料型別 —— 在此同時若變更或移除基礎元素，他們不需要擔心提取的元素會變成無效的。為了達成所需，使用者此時必須明確呼叫函式，建立及銷毀迭代器實體。與 Index Access 相比，這個做法需要較多的函式呼叫。

存取一組元素時，使用者往往想要遍歷所有元素。若有人與此同時對該基礎資料新增一個元素，則使用者於遍歷期間可能會遺漏此新元素。若這是你的問題，而你想要在遍歷期間，確保所有元素都不會變更，則使用 Callback Iterator 會比較容易處理。

已知應用

下列是此模式的應用範例：

- James Noble 在〈Iterators and Encapsulation〉（*https://oreil.ly/NVnbw*）一文中以 Magic Cookie 模式描述物件導向版本的迭代器。

- Jed Liu 等人在〈Interruptible Iterators〉（*https://oreil.ly/BzFJJ*）一文中以*游標物件*描述在此所示的概念。

- 此種迭代作業用於檔案存取。例如，C 語言的 `getline` 函式會遍歷檔案中的各行，而迭代器位置被儲存在 `FILE` 指標中。

- OpenSSL 程式碼有 `ENGINE_get_first` 和 `ENGINE_get_next` 函式，用於迭代處理加密引擎串列。每個呼叫都會有個 `ENGINE struct` 指標參數。其所指的 `struct` 儲存目前迭代作業所在的位置。

- Wireshark 程式碼有 `proto_get_first_protocol` 和 `proto_get_next_protocol` 函式。這些函式能讓使用者遍歷網路協定串列。函式皆有一個 void 指標參數（輸出參數），用於儲存及傳遞狀態資訊。

- Subversion 專案用於呈現檔案之間差異的程式碼有個 `datasource_get_next_token` 函式。為了從給定的資料源物件（其有儲存迭代作業位置）取得下一個差異單元，會在迴圈中呼叫這個函式。

運用於示例中

此刻，你會有下列的函式（提取登入名稱）：

```
struct ITERATOR
{
  char buffer[MAX_NAME_LENGTH];
  struct ACCOUNT_NODE* element;
};

struct ITERATOR* createIterator()
{
  struct ITERATOR* iterator = malloc(sizeof(struct ITERATOR));
  iterator->element = getFirst();
  return iterator;
}

char* getNextLoginName(struct ITERATOR* iterator)
{
  if(iterator->element != NULL)
  {
    strcpy(iterator->buffer, iterator->element->loginname);
    iterator->element = getNext(iterator->element);
    return iterator->buffer;
  }
  else
  {
    return NULL;
  }
}
```

```
void destroyIterator(struct ITERATOR* iterator)
{
  free(iterator);
}
```

下列是這個介面的運用程式碼：

```
bool anyoneWithX()
{
  char* loginName;
  struct ITERATOR* iterator = createIterator();
  while(loginName = getNextLoginName(iterator)) ❶
  {
    if(loginName[0] == 'X')
    {
      destroyIterator(iterator); ❷
      return true;
    }
  }
  destroyIterator(iterator); ❷
  return false;
}
```

❶ 該應用程式不再得處理索引及元素最大數量。

❷ 就此，銷毀迭代器所需的清理程式碼會發生程式碼重複情況。

接下來，你不只是要實作 anyoneWithX 函式，還想要實作另一個函式，例如，告知有多少個登入名稱是以字母「Y」開頭。你可以直接複製程式碼，修改 while 迴圈的本體，計數「Y」的出現次數，不過採用這個做法，因為這兩個函式都會有同樣的程式碼（即建立與銷毀迭代器以及執行迴圈作業的內容），所以到頭來會出現重複的程式碼。為了該程式碼重複情況，你可以改用 Callback Iterator。

Callback Iterator

情境

你有一組元素儲存在資料結構中，可供隨機或循序存取。例如，你有個陣列、鏈結串列、雜湊映射（hash map）、樹狀資料結構。使用者想要迭代處理這些元素。

問題

你想要提供一個穩健的迭代介面，不需要使用者在程式碼中實作迴圈，迭代處理所有元素，而且可讓你在之後變更基礎資料結構時，不會動到使用者的程式碼。

使用者可能是會寫程式的某人，他的程式碼並沒有跟你的程式庫一起改版或釋出，因此，你必須確保「你實作的未來版本」也能與「使用者針對你目前實作版本所寫的程式碼」一同運作。因此，使用者不應該能夠存取任何內部實作細節，諸如你用於留存元素的基礎資料結構，原因是你可能想要在之後變更其內容。

除此之外，在多執行緒環境中作業之際，若使用者在迭代處理元素時，該元素內容有所變更，則你想要為使用者提供穩健與明確定義的行為。即使是複雜的資料（例如字串），當使用者想要讀取時，也應該不必擔心其他執行緒會變更該資料。此外，你希望確保使用者在迭代作業中只走訪每個元素一次。即使其他執行緒在迭代期間試著建立新元素或刪除現存元素，也應該如此保持。

你不在意為了達成目的而是否必須付出額外的實作負擔，因為許多使用者會使用你的程式碼，所以若你能在自己的程式碼中實作所需，讓使用者免於這些負擔，則整體的負擔就會降低。

你想要盡量輕易存取元素。尤其是，使用者不應該處理迭代作業細節，譬如索引與元素的對應，或可用元素的數量。他們也不應該在自己的程式碼中實作迴圈，不然會讓使用者的程式碼有重複內容，因此 Index Access、Cursor Iterator 在這樣的情況下並不適用。

解決方案

使用現存的資料結構特定作業，於你的實作中遍歷所有元素，並在此迭代作業期間針對每個元素呼叫給定的使用者函式。這個使用者函式會以此元素內容作為參數，而可以就該元素執行相關作業。使用者只呼叫一個函式觸發該代作業，而整個迭代作業會在你的實作中進行，如圖 7-4 所示。

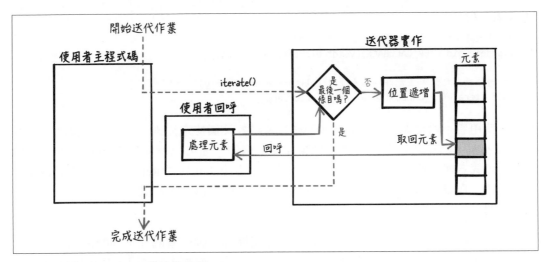

圖 7-4　Callback Iterator 的迭代作業

為了實現目標，你必須在介面中宣告一個函式指標。宣告的函式會有個元素參數（指定要執行迭代作業的元素）。使用者會實作這樣的函式，並將其傳給你的迭代函式。在你的實作裡，會遍歷所有元素，針對每個元素呼叫該使用者函式（使用者函式接收的輸入參數為目前的元素）。

你可以對你的迭代函式與函式指標宣告兩者，新增另一個 void* 參數。在你的迭代函式實作中，只要將該參數傳給使用者的函式。如此可針對使用者將某些環境資訊傳給其函式：

呼叫者的程式碼

```
void myCallback(void* element, void* arg)
{
    /* 處理元素 */
}

void doIteration()
{
    iterate(myCallback, NULL);
}
```

迭代器 *API*

```
/* 迭代作業的回呼（由呼叫者實作的）。 */
typedef void (*FP_CALLBACK)(void* element, void* arg);

/* 遍歷所有元素，並就每個元素呼叫 callback(element, arg)。 */
void iterate(FP_CALLBACK callback, void* arg);
```

有時，使用者不希望遍歷所有元素，而是想要尋找一個特定元素。為了讓該使用案例更有效率，你可以在迭代函式中加入中斷條件。例如，你可以就使用者函式宣告函式指標，該函式處理回傳型別為 bool 的元素，若使用者函式回傳的 Return Value 為 true，則會停止迭代作業。而只要找到需求的元素，使用者就可以發出訊號，以省下其餘元素的遍歷時間。

針對多執行緒環境實作迭代函式時，於迭代作業期間，確保有處理下列的情況：變更目前元素、加入新的元素或其他執行緒刪除元素。若有這些變化情況，你可以用 Return Status Codes 讓目前的迭代作業使用者知悉，或者可以在此期間鎖定存取元素的寫入功能，避免某個迭代作業過程有這樣的變更。

因為該實作可以確保在迭代作業期間不會變更資料，所以不必複製使用者處理的元素。使用者只會提取該資料的指標及運用原始資料。

結果

此時用於遍歷所有元素的使用者程式碼只有一行。所有實作細節（例如元素索引和元素最大數量）都隱藏在迭代器實作中。使用者甚至不必實作迴圈遍歷元素。也不用建立或銷毀迭代器實體，或處理（蒐集元素的）內部資料結構。即使你變更實作中的基礎資料結構型別，使用者甚至不需要重新編譯自己的程式碼。

若在迭代作業期間變更基礎元素，則迭代器實作可以據實因應，這可確保使用者可遍歷一致的資料集，而不必在使用者程式碼中涉及鎖定功能。因為在使用者程式碼與迭代器程式碼之間不會有控制流程穿梭，所以這是可行的。控制流程只位於迭代器實作中，因此，迭代器實作可於迭代器作業期間檢查是否有元素變更的情況，並做出對應的反應。

使用者可以遍歷所有元素，而迭代作業迴圈位於迭代器實作中，因此使用者無法如同 Index Access 那樣隨機存取元素。

在回呼中，你的實作會就每個元素執行使用者程式碼。某種程度上，這表示你必須相信使用者的程式碼會做對的事情。例如，若迭代器實作於迭代作業期間鎖定所有元素，則因為在此迭代作業期間，存取該資料的其他呼叫都會被鎖定，所以你期望使用者程式碼會對已提取的元素迅速運用，而不會執行耗時的作業。

回呼的運用表示你有平台特定、程式語言特定的介面，原因是你會呼叫由呼叫者實作的程式碼，而且只有在該程式碼使用同樣的呼叫慣例（即以同樣的方式提供函式參數和回傳資料）時，你才能這樣運用。也就是說，對於以 C 實作的迭代器來說，要在使用者程式碼也是以 C 撰寫的情況下，你才能使用此模式。例如，你不能對使用 Java 編寫程式碼的使用者提供 C 語言版的 Callback Iterator（可以改用其他迭代器模式花點功夫去完成所需）。

閱讀有回呼的程式碼，其中的程式流程較難解讀。例如，與直接在程式碼用簡單的 while 迴圈相比，這樣的內容（只看到一行有回呼參數的使用者程式碼）較難得知程式是在遍歷元素。因此，關鍵是為迭代函式清楚命名，讓人知道該函式執行迭代作業。

已知應用

下列是此模式的應用範例：

- James Noble 在〈Iterators and Encapsulation〉（*https://oreil.ly/u8B7I*）一文中以 Internal Iterator 模式描述物件導向版本的迭代器。

- Subversion 專案的 svn_iter_apr_hash 函式會遍歷雜湊表中的所有元素（雜湊表是以一個參數傳給該函式使用）。其中會針對雜湊表的每個元素，呼叫得由呼叫者提供的函式指標，若該呼叫回傳 SVN_ERR_ITER_BREAK，則會停止迭代作業。

- OpenSSL 的 ossl_provider_forall_loads 函式會遍歷一組 OpenSSL 提供者物件。此函式有一個函式指標參數，其中會針對每個提供者物件呼叫對應該函式指標。可對此迭代呼叫提供一個 void* 參數，即可針對迭代作業的每次呼叫提供此參數，讓使用者可以傳遞自己的環境內容。

- Wireshark 的 conversation_table_iterate_tables 函式會遍歷「conversation」物件串列。這類物件會儲存監聽到的網路資料相關資訊。函式會有個函式指標參數及一個 void* 參數。對於每個 conversation 物件，會呼叫此函式指標並傳入該 void*（環境內容）。

運用於示例中

此刻，你會有下列的函式（存取登入名稱）：

```
typedef void (*FP_CALLBACK)(char* loginName, void* arg);

void iterateLoginNames(FP_CALLBACK callback, void* arg)
{
  struct ACCOUNT_NODE* account = getFirst(accountList);
  while(account != NULL)
  {
    callback(account->loginname, arg);
    account = getNext(account);
  }
}
```

下列是這個介面的運用程式碼：

```
void findX(char* loginName, void* arg)
{
  bool* found = (bool*) arg;
  if(loginName[0] == 'X')
  {
    *found = true;
  }
}

void countY(char* loginName, void* arg)
{
  int* count = (int*) arg;
  if(loginName[0] == 'Y')
  {
    (*count)++;
  }
}

bool anyoneWithX()
{
  bool found=false;
  iterateLoginNames(findX, &found); ❶
  return found;
}

int numberOfUsersWithY()
```

```
{
    int count=0;
    iterateLoginNames(countY, &count);  ❶
    return count;
}
```

❶ 應用程式不再有明確的迴圈述句。

可能的改進是：回呼函式可用一個回傳值，決定迭代作業要繼續或停止。搭配這樣的回傳值，一旦 findX 函式走訪到以「X」開頭的第一個使用者，就可以停止該迭代作業。

總結

本章以三種做法說明迭代功能的介面實作。表 7-2 為這些模式的綜述及其效果比較。

表 7-2　迭代器模式的比較

	Index Access	Cursor Iterator	Callback Iterator
元素存取	容許隨機存取	僅能循序存取	僅能循序存取
資料結構變更	僅能將基礎資料結構隨意變更為另一個隨機存取的資料結構	僅能將基礎資料結構隨意變更	僅能將基礎資料結構隨意變更
整個介面的資訊流失	元素數量；使用隨機存取資料結構	迭代器位置（使用者可以在之後停止或繼續執行迭代作業）	―
程式碼重複情況	使用者程式碼中的迴圈；使用者程式碼中的索引遞增	使用者程式碼中的迴圈	―
穩健性	難以實作穩健的迭代行為	難以實作穩健的迭代行為	因為控制流程持續於迭代程式碼內運作，而迭代作業期間會直接鎖定插入 / 刪除 / 修改作業（不過在此期間會阻擋其他迭代作業），所以可輕易實作穩健的迭代行為
平台	可跨各語言與各平台使用的介面	可跨各語言與各平台使用的介面	僅能用於與實作內容同款的語言及平台（採用同樣的呼叫慣例）

深究

若你想要知道更多內容，以下有些資源能夠協助你累積迭代器介面設計的知識。

- 與 C 語言迭代器非常相關的文章是 James Aspnes 的大學課程筆記線上版（*https://oreil.ly/2fuPK*）。該課程筆記描述 C 語言迭代器的各種設計，探討各個做法的優缺點，並提供原始碼範例程式。

- 關於其他程式語言的迭代器指引，有較多論述，不過許多概念也可以適用 C 語言。例如，James Noble 在〈Iterators and Encapsulation〉（*https://oreil.ly/GWR0F*）一文中說明如何設計物件導向的迭代器，Mark Allen Weiss 在《*Data Structures and Problem Solving Using Java*》（Addison-Wesley，2006）一書中描述 Java 的各種迭代器設計，而 Mark Jason Dominus 在《*Higher-Order Perl*》（Morgan Kaufmann，2005）一書中探討 Perl 的各種迭代器設計。

- Owen Astrachan 和 Eugene Wallingford 在〈Loop Patterns〉（*https://oreil.ly/JsEKb*）一文中以模式描述迴圈實作的最佳做法，其中包括 C++ 和 Java 程式碼片段。大多數的概念也適用於 C 語言。

- David R. Hanson 在《*C Interfaces and Implementations*》（Addison-Wesley，1996）一書中描述幾個常見資料結構的 C 語言實作及其介面（譬如鏈結串列、雜湊表等資料結構）。當然這些介面也包含用於走訪這些資料結構的函式。

展望

下一章主要說明如何組織大型程式中的程式碼檔案。一旦你以前幾章的模式定義介面，並為實作寫程式，最終會有許多檔案。為了實作模組化的大型程式，必須處理相關檔案組織。

第八章

模組化程式的檔案組織

實作大型軟體的程式設計師,為了讓軟體可維護,都得面對軟體模組化的問題。這個問題最重要的部分涉及軟體模組間的依賴關係(dependency),而諸如 Robert C. Martin 在《Clean Code: A Handbook of Agile Software Craftsmanship》(Prentice Hall,2008)一書中描述的 SOLID 設計原則,或四人幫在《Design Patterns: Elements of Reusable Object-Oriented Software》(Prentice Hall,1997)一書中所述的設計模式皆可處理這個部分。

然而,軟體模組化也會引發的問題是,在模組化的做法中如何組織原始檔。這個問題尚未被處理得很好,使得程式庫的檔案結構不良。因為你不知道應該將哪些檔案分給各個軟體模組或程式庫,所以之後,很難對程式庫模組化。此外,身為程式設計師,難以找到內有你要使用之 API 的檔案,因此你可能會將依賴關係引進不應該使用的 API 中。這對 C 語言而言,特別是個問題,原因是 C 無機制可標示 API 僅供內部使用,限制存取。

其他程式語言則有這樣的機制,對於如何將檔案結構化會有相關建議。例如,Java 程式語言具備 *package*(套件)概念。Java 會有預設方式,讓開發人員可以組織這些套件的類別,將檔案納入套件中。對於其他程式語言(諸如 C)而言,並無建議如何讓檔案結構化。開發人員必須為如何讓標頭檔(內含 C 函式宣告)與實作檔(內含 C 函式定義)結構化而提出自己的做法。

本章說明如何解決這個問題,為了開發 C 的大型模組化程式,就如何將實作檔結構化來說,特別是標頭檔(API)的結構化方式,向 C 程式設計師提供相關指引。

圖 8-1 概略呈現本章探討的模式,而表 8-1 列出這些模式的簡述。

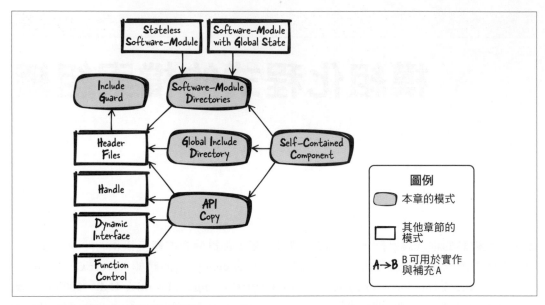

圖 8-1　程式碼檔案組織的模式概觀

表 8-1　程式碼檔案組織的模式

模式	摘要
Include Guard	很容易多次引入同一個標頭檔，而若型別或某些巨集為其內容的一部分，則引入同一個標頭檔會導致編譯錯誤，即編譯期間，它們會被重新定義。因此，保護標頭檔的內容不會被多次引入，讓開發人員使用這些標頭檔時，就不用在意是否有多次引入的情況。使用互鎖的 #ifdef 述句或 #pragma once 述句達成所求。
Software-Module Directories	將程式碼分成個別的檔案會增加程式庫的檔案數。將所有檔案置於一個目錄中，不容易掌握所有檔案的全局，尤其對於大型程式庫來說更是如此。因此，將屬於緊密耦合功能的標頭檔和實作檔放在同一個目錄中。依標頭檔所示的功能命名該目錄。
Global Include Directory	為了引入其他軟體模組的檔案，你必須使用相對路徑，譬如 ../othersoftwaremodule/file.h。你必須知道其他標頭檔的確切位置。因此，在程式庫中會有一個全域目錄，內含所有軟體模組 API。將此目錄新增至你工具鏈中全域的引入路徑。
Self-Contained Component	從目錄結構中，無法得知程式碼的依賴關係。每個軟體模組可以直接引入其他軟體模組的標頭檔，所以無法透過編譯器檢查程式碼中的依賴關係。因此，辨認含有類似功能的軟體模組，並將它們一同部署。把這些軟體模組置於同一個目錄中，並為與呼叫者相關的標頭檔指定一個子目錄。

模式	摘要
API Copy	你想要開發、改版及部署部分程式庫（獨立處理各個部分）。然而為此，你需要在程式碼各部分之間有明確定義的介面，以及將該程式碼分成個別儲存庫的能力。因此，為了使用另一個元件的功能，得複製其 API。個別建置另外元件，並複製建置構件及其公有（public）標頭檔。將這些檔案放入元件內的一個目錄中，將該目錄設定為全域引入路徑。

示例

假設你想要實作一個軟體，顯示某檔案內容的雜湊值。你從下列的簡單雜湊函式起頭：

main.c

```c
#include <stdio.h>

static unsigned int adler32hash(const char* buffer, int length)
{
  unsigned int s1=1;
  unsigned int s2=0;
  int i=0;

  for(i=0; i<length; i++)
  {
    s1=(s1+buffer[i]) % 65521;
    s2=(s1+s2) % 65521;
  }
  return (s2<<16) | s1;
}

int main(int argc, char* argv[])
{
  char* buffer = "Some Text";
  unsigned int hash = adler32hash(buffer, 100);
  printf("Hash value: %u", hash);
  return 0;
}
```

上述的程式碼僅將固定字串的雜湊輸出內容於 console 輸出顯示。接著，你要擴充該程式碼。想要讀取某檔案的內容，並顯示檔案內容的雜湊值。你可以直接將所有程式碼加入 *main.c* 檔案中，不過這樣會讓此檔案變得很長，程式碼內容越長就讓人越難維護。

有個別的實作檔，並以 Header Files 存取其功能，反而是比較好的做法。此時你有下列程式碼可讀取某檔案的內容，並顯示該檔案內容的雜湊。為了比較容易看到程式碼已變更的部分，在此省略未變更的實作內容：

main.c
```
#include <stdio.h>
#include <stdlib.h>
#include "hash.h"
#include "filereader.h"

int main(int argc, char* argv[])
{
  char* buffer = malloc(100);
  getFileContent(buffer, 100);
  unsigned int hash = adler32hash(buffer, 100);
  printf("Hash value: %u", hash);
  return 0;
}
```

hash.h
```
/* 回傳指定「buffer」（其大小為「length」）的雜湊值。
   以 Adler32 演算法計算雜湊值。 */
unsigned int adler32hash(const char* buffer, int length);
```

hash.c
```
#include "hash.h"

unsigned int adler32hash(const char* buffer,  int length)
{
  /* 此處沒有變更 */
}
```

filereader.h
```
/* 讀取某檔案的內容並將其儲存於指定的「buffer」中
   （條件是依給定的「length」而有足夠的容納長度才行）。 */
void getFileContent(char* buffer, int length);
```

filereader.c
```
#include <stdio.h>
#include "filereader.h"

void getFileContent(char* buffer, int length)
```

```
{
  FILE* file = fopen("SomeFile", "rb");
  fread(buffer, length, 1, file);
  fclose(file);
}
```

將程式碼分組至個別檔案中,因為將所有相關功能置於同一個檔案時,可明確呈現程式碼裡的依賴關係,所以可讓程式碼更具模組化。你的程式庫檔案目前皆儲存於同一個目錄中,如圖 8-2 所示。

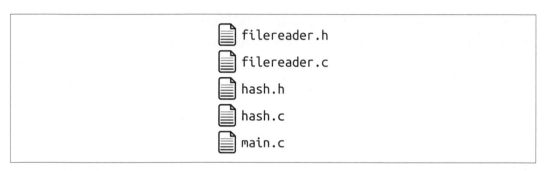

圖 8-2　檔案一覽

此時你有分門別類的標頭檔,可以在實作檔中引入這些標頭檔。然而,若標頭檔多次引入,你很快就會遇到建置錯誤的問題。為了協助解決此問題,你可以安裝 Include Guards。

Include Guard

情境

你將實作分成多個檔案。在實作內部,你引入標頭檔,取得你要呼叫或使用的其他程式碼的前置宣告(forward declaration)。

問題

很容易多次引入同一個標頭檔,而若型別或某些巨集為其內容的一部分,則引入同一個標頭檔會導致編譯錯誤,即編譯期間,它們會被重新定義。

C 的編譯期間，#include 指引（directive）可讓 C 前置處理器（preprocessor）將引入檔內容完全複製到編譯單元中。例如，若在標頭檔中定義一個 struct，且該標頭檔被多次引入，則該 struct 定義會被多次複製，而在編譯單元中多次出現，這會導致編譯錯誤。

為了避免這個問題，你可以試圖讓引入檔案的次數不超過一次。然而，引入標頭檔時，你通常不能透視標頭檔內是否引入其他標頭檔。因此，很容易就多次引入檔案。

解決方案

保護標頭檔的內容不會被多次引入，讓開發人員使用這些標頭檔時，就不用在意是否有多次引入的情況。使用互鎖的 #ifdef 述句或 #pragma once 述句達成所求。

下列是 Include Guard 運用程式碼：

somecode.h

```
#ifndef SOMECODE_H
#define SOMECODE_H
 /* 將你的標頭檔內容置於此 */
#endif
```

othercode.h

```
#pragma once
 /* 將你的標頭檔內容置於此 */
```

建置過程中，互鎖的 #ifdef 述句或 #pragma once 述句會保護標頭檔內容，防止在編譯單元中被多次編譯。

C 語言標準中並無定義 #pragma once 述句，但大部分的 C 前置處理器都支援此述句。不過，切記，當改用其他工具鏈，對於其中不同款的 C 前置處理器來說，你用此述句可能會有問題。

雖然互鎖的 #ifdef 述句適用於所有的 C 前置處理器，但是這會遭致的困難是，你必須對已定義的巨集使用獨一無二的名稱。通常，會採用與標頭檔名稱相關的命名方法，不過若你重新命名檔案，而忘記變更 Include Guard，則可能會出現過時的名稱。此外，你可能在使用第三方的程式碼時遇到問題，其中 Include Guards 的名稱可能會有衝突。避免這些問題的方法是，不使用標頭檔的名稱，而是使用其他獨一無二的名稱，譬如當前時間戳記（timestamp）或 UUID。

結果

身為開發人員，此時你引入檔案，不必在意該檔案是否被多次引入。這讓相關作業變得容易許多，尤其是遇到巢狀 #include 述句時，因為很難確切知道哪些檔案已引入其中，所以效果更為明顯。

你不是必須採用非標準的 #pragma once 述句，就是得為互鎖的 #ifdef 述句選用獨特命名方法。雖然檔名在大部分情況下可視為唯一名稱，但在你所用的第三方程式碼中，仍可能有名稱雷同的問題。此外，重新命名自己的檔案時，#define 述句的名稱可能會不一致，不過某些 IDE 會就此協助解決。這些 IDE 在建立新標頭檔時，會對應建立 Include Guard，或者當標頭檔被重新命名時，會對應調整 #define 的名稱。

互鎖的 #ifdef 述句可在檔案引入多次時避免編譯錯誤，但無法防止將引入檔多次開啟與複製至編譯單元中。這是編譯期多餘的部分，可以對其最佳化。其中一個最佳化做法是為每個 #include 述句對應附加一個 Include Guard，不過這會讓檔案的引入變得很麻煩。此外，對於大多數現代編譯器而言，因為會自行最佳化編譯作業（例如，快取標頭檔內容或記住已引入的檔案），所以這會是多餘的作業。

已知應用

下列是此模式的應用範例：

- 內含超過一個檔案的 C 程式幾乎都應用此模式。

- John Lakos 在《*Large-Scale C++ Software Design*》一書中描述 Include Guards 效能最佳化，其中為每個 #include 述句對應附加一個防護。

- Portland Pattern Repository 描述 Include Guard 模式，還有說明編譯期最佳化的模式（為每個 #include 述句對應附加一個防護）。

運用於示例中

下列程式碼的 Include Guard 可確保標頭檔在多次引入的情況下，也不會發生建置錯誤：

hash.h

```
#ifndef HASH_H
#define HASH_H
/* 回傳指定「buffer」（其大小為「length」）的雜湊值。
   以 Adler32 演算法計算雜湊值。 */
```

```
unsigned int adler32hash(const char* buffer, int length);
#endif
```

filereader.h

```
#ifndef FILEREADER_H
#define FILEREADER_H
/* 讀取某檔案的內容並將其儲存於指定的「buffer」中
    (條件是依給定的「length」而有足夠的容納長度才行)。 */
void getFileContent(char* buffer, int length);
#endif
```

就程式碼的下一個功能而論,你還想要顯示由另一種雜湊函式算出的雜湊值。因為同個目錄的檔名必須是唯一的,所以針對其他雜湊函式而直接加入另一個 *hash.c* 檔,並不可行。可能的做法是為此新檔案取另外的名稱。然而,即使這樣做,你還是對現狀感到不滿意:即一個目錄中的檔案會越來越多,因此很難全局管理這些檔案,以及明白哪些檔案是相關的。為了改善此一情況,你可以使用 Software-Module Directories。

Software-Module Directories

情境

你可以將原始碼分成個別的實作檔,並以標頭檔運用其他實作檔的功能。會有越來越多的檔案被加入你的程式庫中。

問題

將程式碼分成個別的檔案會增加程式庫的檔案數。將所有檔案置於一個目錄中,不容易掌握所有檔案的全局,尤其對於大型程式庫來說更是如此。

將檔案放入個別的目錄,會衍生的問題是,你要將哪些檔案放入哪個目錄中。尋找同為一體的檔案應該不難,而若要在之後新增其他檔案,則應該很容易知道要將其放在哪。

解決方案

將屬於緊密耦合功能的標頭檔和實作檔放在同一個目錄中。依標頭檔所示的功能命名該目錄。

此外，該目錄及其內容被稱為**軟體模組**。通常，軟體模組包含（以 Handles 所指的）某實體作業相關的所有程式碼。就此，非物件導向的軟體模組等同於物件導向的類別。「一個目錄中某軟體模組的所有檔案」相當於「一個目錄中某類別的所有檔案」。

軟體模組可以包含單一標頭檔和單一實作檔，或多個標頭檔與實作檔。將檔案放入一個目錄中的主要準則是，目錄內的檔案間為高內聚的（high cohesion），而與其他 Software-Module Directories 則呈低耦合的（low coupling）。

當你有僅於軟體模組內使用的標頭檔以及軟體模組外使用的標頭檔時，以清楚的方式為這些檔案命名，表示哪些標頭檔不能在軟體模組之外使用（例如，以 *internal* 為名稱後綴，如圖 8-3 及下列程式碼所示）：

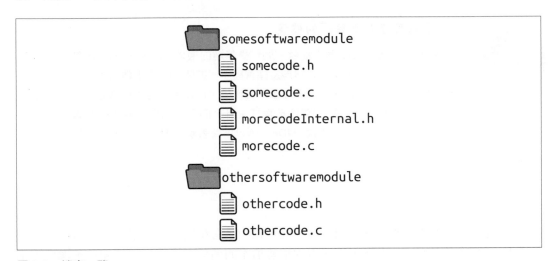

圖 8-3　檔案一覽

somecode.c

```
#include "somecode.h"
#include "morecode.h"
#include "../othersoftwaremodule/othercode.h"
...
```

morecode.c

```
#include "morecode.h"
...
```

othercode.c

```
#include "othercode.h"
...
```

上述的程式碼摘錄呈現如何引入檔案,不過並無列出實作內容。注意,很容易就能引入源自相同軟體模組的檔案。為了引入其他軟體模組的標頭檔,就必須知道這些軟體模組的路徑。

當你的檔案散布在不同的目錄中,你必須確保你的工具鏈已設定為編譯這些檔案的環境。也許你的 IDE 會自動編譯你程式庫子目錄中的所有檔案,但你可能得調整建置設項,或操作 Makefile 編譯新目錄中的檔案。

設定引入目錄與要編譯的檔案

現代的 C 程式設計 IDE 通常提供一個無憂無慮的環境,讓 C 程式設計師可以專注於程式設計,不一定得涉及建置程序。這些 IDE 提供建置設項,可讓你輕鬆設定哪些目錄包含要建置的實作檔,以及哪些目錄包含你的引入檔。這可讓 C 程式設計師專注於程式設計,而不用編寫 Makefile 和編譯器指令。本章假設你有這樣的 IDE,所以不會著重於 Makefile 及其語法的論述。

結果

將程式碼檔案分給個別的目錄,則容許不同目錄中具有相同的檔案名稱。這會在使用第三方程式碼時派上用場,不然,第三方的那些檔案的名稱可能與你程式庫中檔案的名稱衝突。

然而,即使是在不同的目錄中,也不建議使用雷同的檔名。尤其對於標頭檔來說,建議使用獨一無二的檔名,確定要引入的檔案不會受到引入路徑的搜尋順序所影響。為了讓檔案名稱能夠獨一無二,你可以針對軟體模組的所有檔案,使用簡短又獨特的前綴。

將軟體模組相關的所有檔案放到一個目錄中,比較容易找到相關的檔案,即你只要知道軟體模組的名稱。軟體模組中的檔案數量通常不多,所以能夠迅速找到位於該目錄中的檔案。

大部分的程式碼依賴關係皆為每個軟體模組的區域範圍,因此這時相同目錄中存在高度相關的檔案。如此使得程式設計師更容易試圖知道程式碼的某些部分,明白其他檔案中有哪些也是相關的。軟體模組目錄之外的實作檔,通常都與該軟體模組的功能處置無關。

已知應用

下列是此模式的應用範例：

- Git 原始碼將其目錄中某部分的程式碼結構化，而其他部分的程式碼則會使用相對路徑引入這些內容的標頭檔。例如，*kwset.c* 引入 *compat/obstack.h*。

- Netdata 即時效能監視及視覺化系統將其程式碼檔案組成目錄（如 *database*、*registry*），每個目錄分別包含少量的檔案。為了引入其他目錄中的檔案，會使用相對引入路徑。

- 網路映射工具 Nmap 將其軟體模組組成目錄（譬如 *ncat*、*ndiff*）。其中會以相對路徑引入其他軟體模組的標頭檔。

運用於示例中

程式碼內容跟之前幾乎雷同。只是針對新雜湊函式，加入新標頭檔和新實作檔。你可以從引入路徑中得知檔案的位置已變更。除了將檔案置於個別目錄，其名稱也跟著變更，讓檔名獨一無二：

main.c

```c
#include <stdio.h>
#include <stdlib.h>
#include "adler/adlerhash.h"
#include "bernstein/bernsteinhash.h"
#include "filereader/filereader.h"

int main(int argc, char* argv[])
{
  char* buffer = malloc(100);
  getFileContent(buffer, 100);

  unsigned int hash = adler32hash(buffer, 100);
  printf("Adler32 hash value: %u", hash);

  unsigned int hash = bernsteinHash(buffer, 100);
  printf("Bernstein hash value: %u", hash);

  return 0;
}
```

bernstein/bernsteinhash.h

```
#ifndef BERNSTEINHASH_H
#define BERNSTEINHASH_H
/* 回傳指定「buffer」（其大小為「length」）的雜湊值。
   以 D.J. Bernstein 演算法計算雜湊值。 */
unsigned int bernsteinHash(const char* buffer, int length);
#endif
```

bernstein/bernsteinhash.c

```
#include "bernsteinhash.h"

unsigned int bernsteinHash(const char* buffer, int length)
{
  unsigned int hash = 5381;
  int i;
  for(i=0; i<length; i++)
  {
    hash = 33 * hash ^ buffer[i];
  }
  return hash;
}
```

將程式碼檔案分給個別目錄是相當常見的。這樣可讓你更容易找到檔案，容許檔案有雷同的檔名。不過，與其採用雷同的檔名，不如採取獨一無二的檔名，例如，每個軟體模組都有獨特檔名前綴。採用這些前綴，最終會是如圖 8-4 所示的目錄結構和檔名。

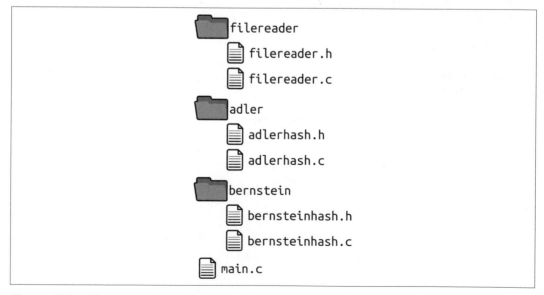

圖 8-4　檔案一覽

所有屬於一體的檔案此時都位於同一個目錄中。將這些檔案妥善結構化而置於目錄中，可以用相對路徑存取其他目錄中的標頭檔。

然而，相對路徑會衍生問題，若你想要重新命名其中一個目錄，也得處理其他原始碼檔，修正其引入路徑。這是你不想要的依賴關係，你可以用 Global Include Directory 移除之。

Global Include Directory

情境

你有標頭檔，且將程式碼結構化成 Software-Module Directories。

問題

為了引入其他軟體模組的檔案，你必須使用相對路徑，譬如 *../othersoftwaremodule/file.h*。你必須知道其他標頭檔的確切位置。

若其他標頭檔的路徑變更，則你得變更有引入該標頭檔的程式碼。例如，若其他軟體模組已被重新命名，則你必須變更程式碼。因此，你對其他軟體模組的名稱和位置有依賴關係。

身為開發人員，你想要清楚得知哪些標頭檔屬於你該用的軟體模組 API，以及哪些標頭檔是不該在軟體模組外使用的內部標頭檔。

解決方案

在程式庫中會有一個全域目錄，內含所有軟體模組 API。將此目錄新增至你工具鏈中全域的引入路徑。

將只有一個軟體模組使用的所有實作檔與標頭檔留在該軟體模組目錄中。若標頭檔也會被其他程式碼使用，則將它放在全域目錄中，通常會以 */include* 為該目錄命名，如圖 8-5 與下列程式碼所示。

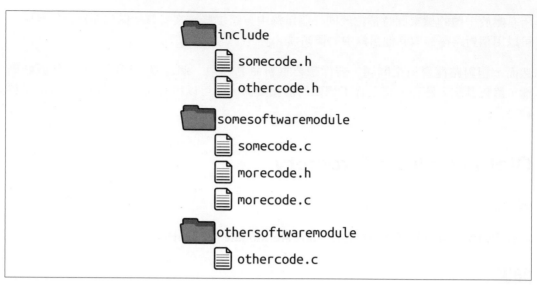

圖 8-5　檔案一覽

設定的全域引入路徑為 /include。

somecode.c

```
#include <somecode.h>
#include <othercode.h>
#include "morecode.h"
...
```

morecode.c

```
#include "morecode.h"
...
```

othercode.c

```
#include <othercode.h>
...
```

前述的摘錄程式碼呈現如何引入檔案。注意，在此並無相對路徑。為了讓此程式碼更清楚表示從全域引入路徑引入哪些檔案，皆在 #include 述句中以尖括號引入。

#include 語法

對於所有引入檔來說，也可以用雙引號語法（`#include "stdio.h"`）。大部分的 C 前置處理器會先以相對路徑找尋這些引入檔，在那裡找不到這些檔案之後，會到你系統設定裡供工具鏈使用的全域目錄中找尋。在 C 語言中，要引入你的程式庫之外的檔案時，通常會用尖括號（`#include <stdio.h>`）的語法，該語法僅會搜尋全域目錄。不過，若不想用相對路徑引入你程式庫的檔案，也可以用這個語法引入你的這些檔案。

你得在工具鏈的建置設項中設定全域引入路徑，或者若你自行編寫 Makefile 和編譯器指令，則得在該處新增引入路徑。

若這個目錄中的標頭檔數量增多，或者有些相當特別的標頭檔，只供幾個軟體模組使用，則你應該考慮將程式庫分成 Self-Contained Components。

結果

如此很清楚知道其他軟體模組該使用哪些標頭檔，以及哪些標頭檔是內部存取的，只能在此軟體模組內使用。

此時，為了引入其他軟體模組的檔案，不再需要使用相對目錄。不過其他軟體模組的程式碼已不在單一目錄裡，而是分散在你的程式庫各處。

將所有 API 放入一個目錄中，可能會造成該目錄中有許多檔案，如此會難以找尋屬於一體的檔案。務必小心，不要到頭來整個程式庫的所有標頭檔都在同一個目錄中。這將降低 Software-Module Directories 的優勢。若軟體模組 A 是軟體模組 B 介面的唯一需要者，你會怎麼做？利用建議的解決方案，你可將軟體模組 B 的介面置於 Global Include Directory。然而，若無其他人需要這些介面，則你可能不想讓程式庫中的每個使用者都能用這些介面。為了避免該問題，可用 Self-Contained Components。

已知應用

下列是此模式的應用範例：

- OpenSSL 程式碼有個 */include* 目錄，其中包含用於多個軟體模組的所有標頭檔。

- 電玩 NetHack 的程式碼將其標頭檔全部放在 */include* 目錄中。並沒有將其實作內容組成軟體模組，而是擺在 */src* 這個單一目錄中。

- Linux 的 OpenZFS 程式碼有個全域目錄（叫做 */include*），其中包含所有標頭檔。此目錄被設定成（實作檔案所屬目錄中） Makefile 裡的引入路徑。

運用於示例中

你程式庫中的標頭檔位置已變更。你已將它們移至工具鏈中設定的 Global Include Directory 裡。此時，你可以直接引入檔案而不用搜尋相對檔案路徑。注意，因此，目前 #include 述句用的是尖括號（而非雙引號）：

main.c

```
#include <stdio.h>
#include <stdlib.h>
#include <adlerhash.h>
#include <bernsteinhash.h>
#include <filereader.h>

int main(int argc, char* argv[])
{
  char* buffer = malloc(100);
  getFileContent(buffer, 100);

  unsigned int hash = adler32hash(buffer, 100);
  printf("Adler32 hash value: %u", hash);

  hash = bernsteinHash(buffer, 100);
  printf("Bernstein hash value: %u", hash);

  return 0;
}
```

在你的程式碼中，此時具備檔案組織，以及在工具鏈設定的全域引入路徑（*/include*），如圖 8-6 所示。

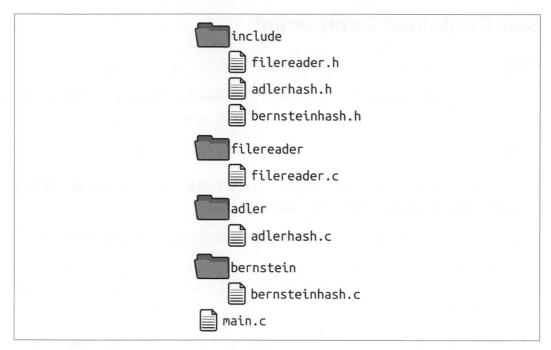

圖 8-6　檔案一覽

此刻，即使你對其中一個目錄重新命名，也不必動到實作檔。所以如此將與這些實作內容的關係稍微脫離一些。

接著，你想擴充程式碼。你要使用雜湊函式，不僅可以雜湊處理檔案內容，還可以在另一個應用程式環境中，以雜湊函式計算一個偽亂數。你希望能夠獨立開發這兩個應用程式（兩者都會用到雜湊函式），甚至可能是由獨立的開發團隊所為。

由於你不想混合各個團隊的程式碼檔案，因此與另一個開發團隊共用一個全域引入目錄的做法，並不可行。你希望將兩個應用程式盡量分開。為此，可用 Self-Contained Components 組織兩者。

Self-Contained Component

情境

你有 Software-Module Directories，或可能有個 Global Include Directory。軟體模組的數量不斷增加，你的程式碼也會變多。

問題

從目錄結構中，無法得知程式碼的依賴關係。每個軟體模組可以直接引入其他軟體模組的標頭檔，所以無法透過編譯器檢查程式碼中的依賴關係。

可以用相對路徑引入標頭檔，這表示任何軟體模組都可以引入其他軟體模組的標頭檔。

當軟體模組數量越來越多，會很難掌握這些軟體模組的全局。就如同之前所用的 Software-Module Directories（於單一目錄中放入過多檔案）一般，此刻則是有太多的 Software-Module Directories。

與依賴關係一樣，也不能從程式碼結構中看出程式碼的職責。若有多個開發團隊處理該程式碼，則你可能想要定義哪個軟體模組由何者負責。

解決方案

辨認含有類似功能的軟體模組，並將它們一同部署。把這些軟體模組置於同一個目錄中，並為與呼叫者相關的標頭檔指定一個子目錄。

此外，這樣的軟體模組群（包含其所有標頭檔）被稱為元件（*component*）。相較於軟體模組，元件通常比較大，可與程式庫其他部分各自部署。

對軟體模組分組時，要檢查哪個部分的程式碼可與程式庫的其餘部分各自部署。檢查哪個部分的程式碼是由個別團隊開發的，因而可能以下列的方向開發出來：與程式庫其餘部分有鬆散耦合（loose coupling）關係。這樣的軟體模組群即為元件候選者。

若你有一個 Global Include Directory，從該目錄移出你元件中的所有標頭檔，並將這些檔案放在元件中指定目錄裡（例如，*myComponent/include*）。使用該元件的開發人員可以將此路徑加入其工具鏈中的全域引入路徑，或對應修改 Makefile 與編譯器指令。

你可以使用該工具鏈檢查其中一個元件的程式碼，是否僅使用被容許使用的功能。例如，若你有個作業系統抽象化元件，你可能想要其他程式碼都使用該抽象內容，且不要使用作業系統特定的函式。你可以設定工具鏈，只針對作業系統抽象化元件，將引入路徑設為作業系統特定的函式所在。對於其他程式碼，則將其引入路徑設定成僅與作業系統抽象化介面相關的目錄。而無經驗的開發人員（不知道有個作業系統抽象化內容，並嘗試直接使用作業系統特定函式），必須使用這些函式宣告的相對引入路徑編譯程式碼（如此一來有望阻止開發人員做同樣的事）。

圖 8-7 及下列程式碼呈現出檔案結構與引入的檔案路徑。

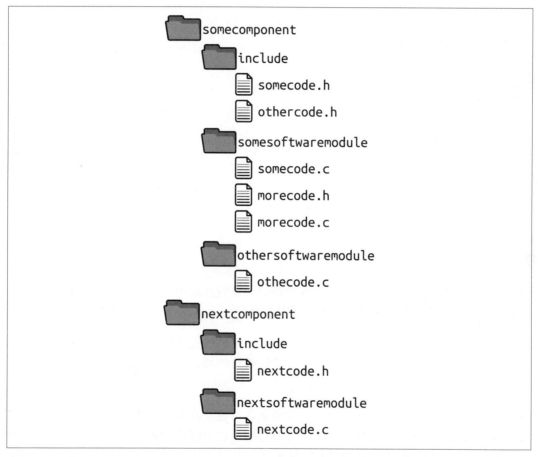

圖 8-7　檔案一覽

已設定的全域引入路徑：

- */somecomponent/include*
- */nextcomponent/include*

somecode.c
```
#include <somecode.h>
#include <othercode.h>
#include "morecode.h"
...
```

morecode.c
```
#include "morecode.h"
...
```

othercode.c
```
#include <othercode.h>
...
```

nextcode.c
```
#include <nextcode.h>
#include <othercode.h> // 使用其他元件的 API
...
```

結果

已妥善組織這些軟體模組，而更容易找到屬於一體的軟體模組。若元件也被妥善分開，則也該清楚知道哪種新程式碼應被加入哪個元件中。

將屬於一體的所有內容置於單一目錄中，可更容易為該元件設定工具鏈中的特定事項。例如，為你在程式庫中建立的新元件，設定較嚴格的編譯器警告，以及可以自動檢查元件間的程式碼依賴關係。

當有多個團隊開發程式碼時，用元件目錄能更容易設立團隊的職責，原因是這些元件彼此的耦合程度通常不高。即使是整個產品的功能，也可能不會依賴這些元件。比起軟體模組層次，元件層次的責任劃分更為容易。

已知應用

下列是此模式的應用範例：

- GCC 程式碼有個別的元件（其有各自的目錄集結自己的標頭檔，例如：*/libffi/include*、*libcpp/include*。

- 作業系統 RIOT 將其驅動程式組織至完全分開的目錄中。例如，*/drivers/xbee*、*/drivers/soft_spi* 目錄各自有一個 *include* 子目錄（內有該軟體模組的所有介面）。

- Radare 逆向工程框架有完全分開的元件，每個元件都有各自的 *include* 目錄（內有自己的所有介面）。

運用於示例中

你已加入偽亂數的實作（採用其中一個雜湊函式）。除此之外，你將程式碼分成獨立的三個部分：

- 雜湊函式

- 檔案內容的雜湊計算

- 偽亂數的計算

此時程式碼的這三個部分完全分開，可輕易地讓不同團隊開發各個部分，甚至可以各自獨立的被部署出去：

main.c

```c
#include <stdio.h>
#include <stdlib.h>
#include <adlerhash.h>
#include <bernsteinhash.h>
#include <filereader.h>
#include <pseudorandom.h>

int main(int argc, char* argv[])
{
  char* buffer = malloc(100);
  getFileContent(buffer, 100);

  unsigned int hash = adler32hash(buffer, 100);
  printf("Adler32 hash value: %u", hash);

  hash = bernsteinHash(buffer, 100);
```

```
    printf("Bernstein hash value: %u", hash);

    unsigned int random = getRandomNumber(50);
    printf("Random value: %u", random);

    return 0;
}
```

randrandomapplication/include/pseudorandom.h

```
#ifndef PSEUDORANDOM_H
#define PSEUDORANDOM_H
/* 回傳一個偽亂數，該亂數要小於給定的最大數值（即參數「max」）*/
unsigned int getRandomNumber(int max);
#endif
```

randomapplication/pseudorandom/pseudorandom.c

```
#include <pseudorandom.h>
#include <adlerhash.h>

unsigned int getRandomNumber(int max)
{
  char* seed = "seed-text";
  unsigned int random = adler32hash(seed, 10);
  return random % max;
}
```

此時你的程式碼具有下列的目錄結構。注意，程式碼檔案的每個部分完全分開。例如，所有與雜湊相關的程式碼都在同一個目錄中。對於使用這些函式的開發人員而言，可輕易知道何處可以找到這些函式的 API（其位於 *include* 目錄中，如圖 8-8 所示）。

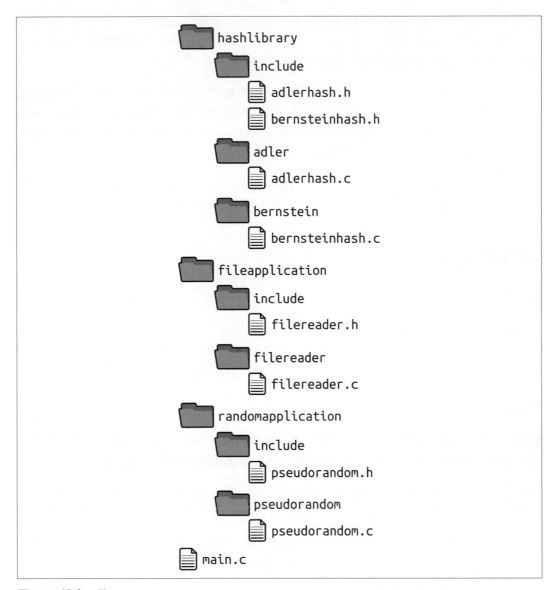

圖 8-8　檔案一覽

針對這個程式碼，會在工具鏈中設定下列全域引入目錄：

- */hashlibrary/include*

- */fileapplication/include*

- */randomapplication/include*

此刻，已把該程式碼完全分至個別目錄，不過仍有可脫離的依賴關係。觀察引入路徑。你有個程式庫，對於該程式碼來說，有用到所有引入路徑。然而，針對雜湊函式的程式碼而言，則不需要具有處理引入路徑的檔案。

此外，你會編譯所有程式碼，並將所有物件直接連結成一個執行檔。然而，你可能想要分解該程式碼並單獨部署之。你可能希望有個應用程式可顯示雜湊輸出，以及另一個應用程式可顯示偽亂數。應該獨立開發這兩個應用程式，不過兩者都應該使用，譬如同一個雜湊函式碼（不想要複製這些程式碼）。

若要對應用程式解耦（decouple），並以明定的方法存取其他部分的功能，而不需要共用私有資訊（例如，那些部分的引入路徑），則你應該用 API Copy。

API Copy

情境

你有個大型程式庫，是由不同團隊一起開發的。在該程式庫中，透過以 Software-Module Directories 組織的標頭檔將功能抽象化。最好的情況是你有條理分明的 Self-Contained Components，而且這些介面已存在一段時間，因此你相當確定它們是穩定的。

問題

你想要開發、改版及部署部分程式庫（獨立處理各個部分）。然而為此，你需要在程式碼各部分之間有明確定義的介面，以及將該程式碼分成個別儲存庫的能力。

若你有 Self-Contained Components，則即將水到渠成。元件有明確定義的介面，而這些元件的所有程式碼都已在個別目錄中，因此可以輕易將它們登記在個別的儲存庫中。

但元件之間仍有目錄結構的依賴關係：已設定的引入路徑。該路徑依然引入其他元件程式碼的完整路徑，而例如，若該元件的名稱有所變更，則你得配合更改已設定的引入路徑。這是你不想要的依賴關係。

解決方案

為了使用另一個元件的功能，得複製其 API。個別建置另外元件，並複製建置構件及其公有標頭檔。將這些檔案放入元件內的一個目錄中，將該目錄設定為全域引入路徑。

複製程式碼似乎不是好主意。一般而言,的確是這樣,不過在此,你只複製另一個元件的介面。你可以複製標頭檔的函式宣告,因此並無多個實作的情況。回想你安裝第三方函式庫時所做的事情:你也會複製有函式庫的介面,用於存取函式庫的功能。

除了複製的標頭檔,在元件建置期間,你得用其他建置構件。你可以將其他元件改版並部署成單獨的函式庫(你得將其連結至你的元件)。圖 8-9 及下列程式碼呈現相關檔案概觀。

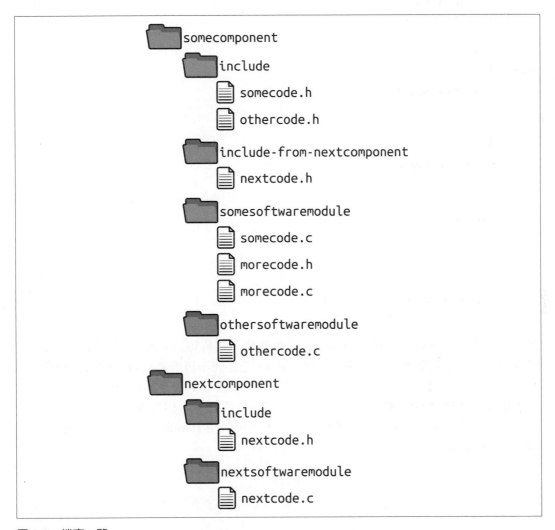

圖 8-9　檔案一覽

為 somecomponent 設定的全域引入路徑：

- */include*

- */include-from-nextcomponent*

somecode.c

```
#include <somecode.h>
#include <othercode.h>
#include "morecode.h"
...
```

morecode.c

```
#include "morecode.h"
...
```

othercode.c

```
#include <othercode.h>
...
```

為 nextcomponent 設定的全域引入路徑：

- */include*

nextcode.c

```
#include <nextcode.h>
...
```

注意，上述的程式碼此刻被分成兩個程式碼區塊。這時可以分解該程式碼，並放入個別儲存庫中（換句話說：形成個別的程式庫）。元件間不再涉及目錄結構的依賴關係。然而，現在你所處的情況是，元件的各個版本必須確保即使在實作變更時其介面也能持續相容。基於你的部署策略，你必須定義要提供哪種介面相容性（API 相容、ABI 相容）。為了讓你的介面在相容之際保有彈性，你可以用 Handles、Dynamic Interfaces、Function Controls。

介面相容性

若不需要變更呼叫端的程式碼，則應用程式介面（API）可維持相容。例如，若你對現有的函式增加另一個參數，或變更回傳值型別、參數型別，則會破壞 API 相容性。

若不需要重新編譯呼叫者的程式碼，則應用程式二進位介面（ABI）可維持相容。例如，若你變更程式碼的編譯平台，或將編譯器版本更新（與前一版的編譯器相比，新版有不同的函式、呼叫慣例），則會破壞 ABI 相容性。

結果

此刻，元件間不再涉及目錄結構的依賴關係。可以對其中一個元件重新命名，而不必變更其他元件（或者如今可稱之為程式庫）程式碼的 `#include` 指引（directive）。

目前可以將該程式碼登記於個別的儲存庫中，而且絕對不用知道其他元件的路徑，即可引入其標頭檔。為了取得另一個元件的標頭檔，你要複製之。因此，一開始你得知道從何處取得標頭檔與建置構件。也許其他元件有提供某種安裝程式，或者它僅提供所有必要檔案的版本列表。

你需要認同的是，這些元件介面將維持相容，才能得到個別程式庫的主要好處：獨立開發與改版。相容介面的需求對於提供這種介面的元件來說，其開發會受限，即某函式一旦可被他者使用，就不能再任意變更了。即使是維持相容的變更，例如將新函式加入現存的標頭檔中，也可能會變得窒礙難行。原因是這樣一來，你會為該標頭檔的各個版本提供各自的功能集，如此會讓你的呼叫者更難知道應該使用哪一版的標頭檔。這也會讓人難以編寫出能運用所有版本標頭檔的程式碼。

你以「API 相容性需求必要處理的額外複雜度」以及「建置程序（標頭檔的複製、同步的維持、其他元件的連結、介面的改版）的複雜度」換得個別程式庫的彈性。

版本號碼

你對介面的改版情形，應該表明新版本是否會有不相容的變更。通常，語意化版本（*semantic versioning*）——*https://semver.org*——用於表示版本號碼中是否有主要變更。就語意化版本而言，你介面的版本號碼為 3 位數（例如：1.0.7），且只以第一個數字的變化表示不相容的變更。

已知應用

下列是此模式的應用範例:

- Wireshark 會複製獨立部署之 Kazlib 的 API,運用其中的異常情況模擬功能。

- B&R Visual Components 軟體會存取底層的 Automation Runtime 執行期作業系統功能。該 Visual Components 軟體與 Automation Runtime 為各自獨立部署與改版。若要存取 Automation Runtime 功能,其公用標頭檔會被複製到此 Visual Components 程式庫中。

- Education First 公司開發數位學習產品。在其 C 程式碼中,於軟體建置時將引入檔複製到一個全域引入目錄中,目的是對其程式庫的元件解耦。

運用於示例中

此時,不同部分的程式碼已完全分開了。對於顯示檔案雜湊值的程式碼與產生偽亂數的程式碼兩者來說,雜湊實作有個明確定義的介面。此外,這些部分的程式碼也已妥善分給各自的目錄。甚至會複製其他元件的 API,讓其中一個元件所存取的所有程式碼都位於自己的目錄中。每個元件的程式碼都可以儲存在自己的儲存庫中,並與其他元件各自獨立部署和改版。

實作內容根本一模一樣。僅複製其他元件的 API,與更改程式庫的引入路徑。此時雜湊作業的程式碼甚至與主程式分離。雜湊作業程式碼會被視為獨立部署的元件,且僅與應用程式的其餘部分連結。範例 8-1 呈現你主程式的程式碼,此刻主程式與雜湊函式庫分離。

範例 *8-1* 主程式的程式碼

main.c

```c
#include <stdio.h>
#include <stdlib.h>
#include <adlerhash.h>
#include <bernsteinhash.h>
#include <filereader.h>
#include <pseudorandom.h>

int main(int argc, char* argv[])
{
  char* buffer = malloc(100);
  getFileContent(buffer, 100);
```

```c
    unsigned int hash = adler32hash(buffer, 100);
    printf("Adler32 hash value: %u\n", hash);

    hash = bernsteinHash(buffer, 100);
    printf("Bernstein hash value: %u\n", hash);

    unsigned int random = getRandomNumber(50);
    printf("Random value: %u\n", random);

    return 0;
}
```

randomapplication/include/pseudorandom.h

```c
#ifndef PSEUDORANDOM_H
#define PSEUDORANDOM_H
/* 回傳一個偽亂數，該亂數要小於給定的最大數值（即參數「max」）*/
unsigned int getRandomNumber(int max);
#endif
```

randomapplication/pseudorandom/pseudorandom.c

```c
#include <pseudorandom.h>
#include <adlerhash.h>

unsigned int getRandomNumber(int max)
{
  char* seed = "seed-text";
  unsigned int random = adler32hash(seed, 10);
  return random % max;
}
```

fileapplication/include/filereader.h

```c
#ifndef FILEREADER_H
#define FILEREADER_H
/* 讀取某檔案的內容並將其儲存於指定的「buffer」中
    （條件是依給定的「length」而有足夠的容納長度才行）。 */
void getFileContent(char* buffer, int length);
#endif
```

fileapplication/filereader/filereader.c

```c
#include <stdio.h>
#include "filereader.h"
```

```
void getFileContent(char* buffer, int length)
{
    FILE* file = fopen("SomeFile", "rb");
    fread(buffer, length, 1, file);
    fclose(file);
}
```

此程式碼具有目錄結構與引入路徑，如圖 8-10 及下列範例程式所示。注意，雜湊實作的相關程式碼不再是此程式庫的一部分。藉由引入複製的標頭檔以存取雜湊功能，而在建置程序中，必須將 .a 檔與該程式碼連結。

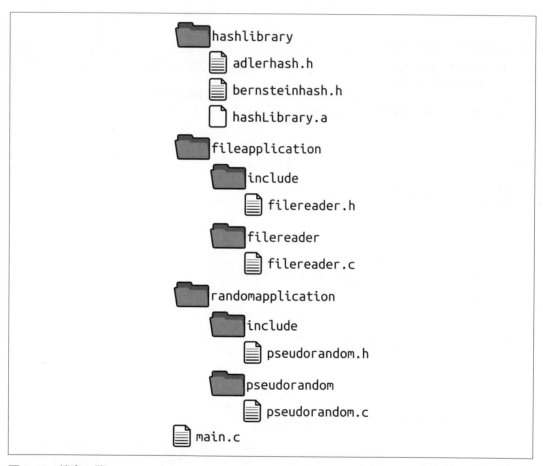

圖 8-10　檔案一覽

設定的引入路徑：

- */hashlibrary*

- */fileapplication/include*

- */randomapplication/include*

範例 8-2 的雜湊實作，此時位於自己的儲存庫中受管控。每次的程式碼變更，都可以推出新版的雜湊函式庫。這表示對該函式庫編譯出來的目的檔（object file）必須複製到其他程式碼中，只要雜湊函式庫的 API 沒有變更，就不用多做什麼事。

範例 8-2　雜湊函式庫的程式碼

inc/adlerhash.h

```
#ifndef ADLERHASH_H
#define ADLERHASH_H
/* 回傳指定「buffer」(其大小為「length」) 的雜湊值。
   以 Adler32 演算法計算雜湊值。 */
unsigned int adler32hash(const char* buffer, int length);
#endif
```

adler/adlerhash.c

```
#include "adlerhash.h"

unsigned int adler32hash(const char* buffer, int length)
{
  unsigned int s1=1;
  unsigned int s2=0;
  int i=0;

  for(i=0; i<length; i++)
  {
    s1=(s1+buffer[i]) % 65521;
    s2=(s1+s2) % 65521;
  }
  return (s2<<16) | s1;
}
```

inc/bernsteinhash.h

```
#ifndef BERSTEINHASH_H
#define BERNSTEINHASH_H
/* 回傳指定「buffer」(其大小為「length」) 的雜湊值。
   以 D.J. Bernstein 演算法計算雜湊值。 */
```

```
unsigned int bernsteinHash(const char* buffer, int length);
#endif
```

bernstein/bernsteinhash.c

```c
#include "bernsteinhash.h"

unsigned int bernsteinHash(const char* buffer, int length)
{
  unsigned int hash = 5381;
  int i;
  for(i=0; i<length; i++)
  {
    hash = 33 * hash ^ buffer[i];
  }
  return hash;
}
```

此程式碼具有目錄結構與引入路徑，如圖 8-11。注意，檔案處理或偽亂數計算相關的原始碼已不再是此程式碼庫的一部分。在此的程式庫是通用的，也可以用於其他環境中。

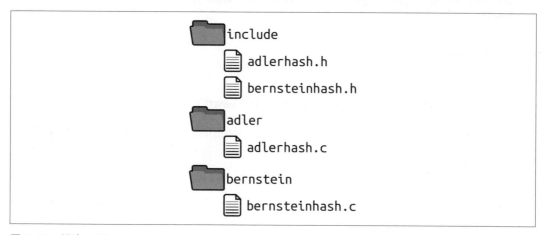

圖 8-11　檔案一覽

設定的引入路徑：

- */include*

我們從簡單的雜湊應用程式開始，最終產出這個程式碼，可讓你分別獨立開發與部署雜湊程式與其應用程式。進一步來說，兩個應用程式甚至可以分成個別的部分，而能各自部署之。

如本範例所示，組織目錄結構並不是程式模組化時最重要的議題。就本章和這個示例來說，還有更重要的諸多問題並未明確處理，例如程式碼依賴關係，可以用 SOLID 原則解決。然而，一旦以程式模組化的方式設立依賴關係，則如這個範例所示的目錄結構，可輕易分割該程式碼的擁有權，對於該程式碼與程式庫其他部分的改版與部署也能容易為之。

總結

本章介紹的模式是針對 C 的大型模組化程式建置時，如何讓其中的原始碼檔和標頭檔結構化。

Include Guard 模式確保不會多次引入同一個標頭檔。Software-Module Directories 建議將軟體模組的所有檔案放入一個目錄中。Global Include Directory 表示將多個軟體模組使用的所有標頭檔置於一個全域目錄中。針對大型程式來說，Self-Contained Component 反而表明每個元件各有一個全域標頭檔目錄。為了對這些元件解耦，API Copy 則建議複製其他元件所用的標頭檔以及建置構件。

本章所示的模式在某種程度上是相依的。若已用了前面的模式，則套用後面的模式會比較容易。將所有模式運用在你的程式庫之後，對於分別開發與部署程式庫各部分會有較高層次的彈性。然而，並非始終都需要這種彈性，這畢竟是要付出代價的：這些模式中每一個的應用，皆會增加你的程式庫複雜度。對於非常小的程式庫來說，尤其是不需要個別部署部分程式庫的情況下，可能就不需要用 API Copy。甚至可能在應用 Header Files 與 Include Guard 之後即可停下來（這樣就夠了）。不要盲目套用所有模式。而是，只在你面臨這些模式所述的問題時（以及為了解決這些問題而值得多加複雜度時）應用之。

將這些模式作為程式設計術語的一部分，程式設計師就擁有一個工具箱以及逐步指引（其內容是如何建置 C 模組化程式與組織其中檔案）。

展望

下一章將介紹與許多大型程式相關的層面：處理多平台的程式碼。其中要說明的模式是如何實作程式碼以符合下列的情形：可輕易將單一程式庫用於多個處理器架構或多個作業系統。

第九章

脫離 #ifdef 地獄

C 程式遍布各處，尤其是在需要高效能或硬體相關程式設計的系統上。對於硬體相關程式設計中來說，需要處理硬體變體（variant）。除了硬體變體，某些系統支援多個作業系統，或在程式碼中得處理多個產品變體。這些問題的常用解法是，使用 C 前置處理器的 #ifdef 述句，區分程式碼裡的變體。C 前置處理器具備這種能力，但隨著這個能力而來的責任是：得用一種明確結構化的方式運用之。

然而，這卻是 C 前置處理器（就 #ifdef 述句而言）不足之處。C 前置處理器無法強制執行其用法相關規則。如此一來很容易被濫用，所以相當可惜。加入另一個 #ifdef，就可輕易在程式碼中增加另一個硬體變體或另一個選項功能。此外，#ifdef 述句很容易被濫用：「草率加入只針對單一變體的錯誤修正內容」。對於所有變體而言，這會造成多樣化的程式碼，導致越來越多時候得單獨修正每個變體相關程式碼。

以這種非結構化與臨時性的方式使用 #ifdef 述句，可以說是通往地獄的必經之路。程式碼變得不可讀、難維護，這是所有開發人員都應該避免的。本章將介紹擺脫或完全避免這種情況的方法。

本章將提供詳細指引，說明如何在 C 程式碼中實作變體，譬如作業系統變體或硬體變體。其中會以五種模式探討如何處理程式碼變體，以及如何組織 #ifdef 述句（甚至是移除之）。可將這些模式視為組織這種程式碼的概論，或視為如何重構非結構化 #ifdef 程式碼的指引。

圖 9-1 呈現 #ifdef 惡夢的脫離之道，而表 9-1 列出本章所述模式的摘要。

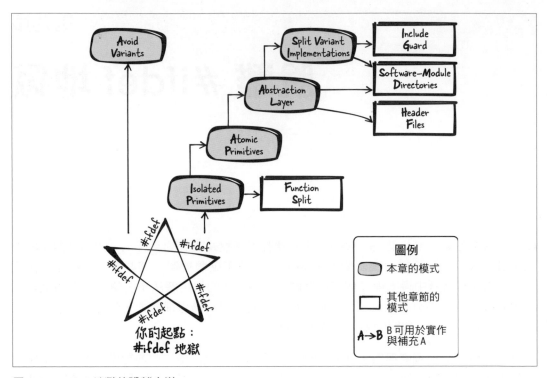

圖 9-1　#ifdef 地獄的脫離之道

表 9-1　脫離 #ifdef 地獄的模式

模式	摘要
Avoid Variants	針對每個平台使用個別的函式,會讓人難以閱讀與編寫這些程式碼。程式設計師需要初步了解、正確使用、測試這些函式(多個函式),才能實現跨多個平台的單一功能。因此,使用所有平台皆可行的標準化函式。若無標準化函式,就可以考慮不要實作該功能。
Isolated Primitives	以 #ifdef 述句組成的程式碼變體會讓程式碼變得不可讀。因為針對多個平台而多次實作,所以讓人難以理解該程式流程。因此,將你的程式碼變體獨立。在你的實作檔中,將處理變體的程式碼置於個別的函式中,並從主程式邏輯中呼叫這些函式,而主程式只有與平台無關的程式碼。
Atomic Primitives	內含變體並由主程式呼叫的函式,因為複雜的 #ifdef 程式碼全部都置於此函式中(才能在主程式中將其內容移除),所以依然讓人難以理解該函式。因此,將你的基本單元(primitive)原子化(atomic)。每個函式就只處理一種變體。若你處理多種變體——例如,作業系統變體和硬體變體——則每個變體都有個別處理的函式。

模式	摘要
Abstraction Layer	你希望在程式庫多處使用處理平台變體的功能，但你不想要有該功能的重複程式碼。因此，為需要平台特定程式碼的每個功能提供 API。僅在標頭檔中定義與平台無關的函式，並將所有平台特定的 **#ifdef** 程式碼置於實作檔中。你的函式呼叫者只引入你的標頭檔，不必引入平台特定的檔案。
Split Variant Implementations	平台特定的實作依然有 **#ifdef** 述句，用於區分程式碼變體。因而難以知道與決定該為哪個平台建置哪部分的程式碼。因此，將每個變體實作放入單獨實作檔中，並根據每個檔案內容選擇你想要為其對應平台編譯的內容。

示例

假設，你想要實作下列功能：把文字寫入檔案裡，並儲存在新建的目錄中，該目錄會依某設定旗標被建於當前目錄或主目錄中。為了增加需求複雜度，應可於 Windows 系統以及 Linux 系統兩平台上執行你的程式碼。

你首先嘗試做個實作檔，其內有全部設定及作業系統相關的所有程式碼。為此，該檔案會有許多 **#ifdef** 述句，用於區分程式碼變體：

```
#include <string.h>
#include <stdio.h>
#include <stdlib.h>
#ifdef __unix__
  #include <sys/stat.h>
  #include <fcntl.h>
  #include <unistd.h>
#elif defined _WIN32
  #include <windows.h>
#endif

int main()
{
  char dirname[50];
  char filename[60];
  char* my_data = "Write this data to the file";
  #ifdef __unix__
    #ifdef STORE_IN_HOME_DIR
      sprintf(dirname, "%s%s", getenv("HOME"), "/newdir/");
      sprintf(filename, "%s%s", dirname, "newfile");
    #elif defined STORE_IN_CWD
      strcpy(dirname, "newdir");
      strcpy(filename, "newdir/newfile");
    #endif
```

```
      mkdir(dirname,S_IRWXU);
      int fd = open (filename, O_RDWR | O_CREAT, 0666);
      write(fd, my_data, strlen(my_data));
      close(fd);
  #elif defined _WIN32
    #ifdef STORE_IN_HOME_DIR
      sprintf(dirname, "%s%s%s", getenv("HOMEDRIVE"), getenv("HOMEPATH"),
              "\\newdir\\");
      sprintf(filename, "%s%s", dirname, "newfile");
    #elif defined STORE_IN_CWD
      strcpy(dirname, "newdir");
      strcpy(filename, "newdir\\newfile");
    #endif
    CreateDirectory (dirname, NULL);
    HANDLE hFile = CreateFile(filename, GENERIC_WRITE, 0, NULL,
                             CREATE_NEW, FILE_ATTRIBUTE_NORMAL, NULL);
    WriteFile(hFile, my_data, strlen(my_data), NULL, NULL);
    CloseHandle(hFile);
  #endif
  return 0;
}
```

這個程式相當混亂。內有重複的程式邏輯。其中並非與作業系統無關的程式碼;而只是將兩種作業系統特定的個別實作置於一個檔案中。尤其是,各個作業系統不相干的程式碼變體和新目錄的各個建置之處讓程式碼顯得雜亂,因為這樣造成巢狀的 #ifdef 述句,所以很難理解這個程式碼。閱讀該程式碼時,得不斷跳行檢視。你必須略過其他 #ifdef 分支的程式碼,才能接續某個程式邏輯。這樣重複的程式邏輯會使得程式設計師只在他們目前處置的程式碼變體中,修正錯誤或新增功能。如此會導致程式碼區段和變體行為漸行漸遠,而難以維護這個程式碼。

從何開始?如何收拾這個爛攤子?就第一步來說,為了執行 Avoid Variants,若有機會的話,你可以使用標準化函式。

Avoid Variants

情境

你編寫應可在多個作業系統平台或多個硬體平台上使用的可攜式(portable)程式碼。你在程式碼中呼叫的某些函式可在一個平台上使用,但一模一樣的語法和語意卻無法在另一個平台上使用。因此,你會實作程式碼變體——每個平台對應一個變體。此時,針對不同的平台會對應不同段的程式碼,你可以在程式碼中用 #ifdef 述句區分這些變體。

問題

針對每個平台使用個別的函式，會讓人難以閱讀與編寫這些程式碼。程式設計師需要初步了解、正確使用、測試這些函式（多個函式），才能實現跨多個平台的單一功能。

通常力求的目標是實作的功能在所有平台上的行為應一模一樣，不過使用與平台有關的函式時，這個目標就更難達成，可能還得撰寫額外的程式碼。原因是平台間不只是語法還有語意都稍有差異。

針對多種平台採用多種函式，這樣會讓人難以編寫、閱讀與理解相關程式碼。以 `#ifdef` 述句區分各種函式，會增加程式碼長度，而且讀者得跳過多行，才能找到某個 `#ifdef` 分支的程式碼用意。

對於你得編寫的某段程式碼來說，可以自問，是否值得這樣做。若需求的功能不重要，以及平台特定函式會讓人難以實作和支援該功能，則完全不提供該功能，也是可行的決定。

解決方案

使用所有平台皆可行的標準化函式。若無標準化函式，就可以考慮不要實作該功能。

你可以使用的標準化函式典範是，C 標準函式庫的函式及 POSIX 函式。考量你要支援哪些平台，並檢查這些標準化函式是否可用於你要的所有平台。若可能的話，應該使用這些標準化函式，而非使用特定的平台相關函式，如下列程式碼所示：

呼叫者的程式碼

```
#include <standardizedApi.h>

int main()
{
  /* 只有單一的函式呼叫，而不是以 ifdef 區分的多個函式呼叫 */
  somePosixFunction();
  return 0;
}
```

標準化 API

```
  /* 在符合 POSIX 標準的作業系統上都可以使用此功能 */
  somePosixFunction();
```

另外，若沒有你要的標準化函式，則可能不應實作該需求功能。對於你想要實作的功能，若只有與平台有關的函式可供使用，則可能不值得為實作、測試、維護有所付出。

然而，在某些情況下，即使沒有可用的標準化函式，你也得為你的產品提供功能。這表示你必須在不同平台上使用不同的函式，甚至可能在一個平台上實作另一個平台已可用的功能。若要以結構化方式實作，則針對你的程式碼變體用 Isolated Primitives，並將它們藏在 Abstraction Layer 後面。

若要避開變體，則例如你可以使用 C 標準函式庫的檔案存取函式（像 `fopen`），而非使用作業系統特定函式（像 Linux 的 `open` 函式或 Windows 的 `CreateFile` 函式）。以另一個範例而論，你可以使用 C 標準函式庫的時間函式。避免使用作業系統特定的時間函式（像 Windows 的 `GetLocalTime` 和 Linux 的 `localtime_r`）；應改用 *time.h* 的 `localtime` 標準化函式。

結果

因為單一段程式碼即可用於多個平台，所以編寫與閱讀該程式碼並不難。程式設計師在編寫該程式碼時不必為了不同平台要弄懂不同函式，在閱讀此程式碼時，不必於 `#ifdef` 分支間輾轉跳行。

由於同一段程式碼可跨所有平台使用，因此功能沒有區別。但標準化函式對於在每個平台上實現需求功能而言，可能不是最有效或高效能的做法。某些平台可能會提供額外的平台特定函式，例如，在該平台上使用特殊化硬體達到較高效能。標準化函式可能不會用到這些好處。

已知應用

下列是此模式的應用範例：

- VIM 文字編輯器的程式碼會使用與作業系統無關的 `fopen`、`fwrite`、`fread`、`fclose` 函式存取檔案。

- OpenSSL 程式碼會將目前的本地時間寫入其記錄訊息中。為此，會使用與作業系統無關的 `localtime` 函式，將目前的 UTC 時間轉成本地時間。

- OpenSSL 的 `BIO_lookup_ex` 函式會查詢要連線的節點和服務。會在 Windows 及 Linux 上編譯此函式，並使用與作業系統無關的 `htons` 函式將某值以網路位元組順序轉換。

運用於示例中

針對檔案存取的功能來說，因為有與作業系統無關的函式可用，所以你位於幸運之處。
此時你會有下列的程式碼：

```c
#include <string.h>
#include <stdio.h>
#include <stdlib.h>
#ifdef __unix__
  #include <sys/stat.h>
#elif defined _WIN32
  #include <windows.h>
#endif

int main()
{
  char dirname[50];
  char filename[60];
  char* my_data = "Write this data to the file";
  #ifdef __unix__
    #ifdef STORE_IN_HOME_DIR
      sprintf(dirname, "%s%s", getenv("HOME"), "/newdir/");
      sprintf(filename, "%s%s", dirname, "newfile");
    #elif defined STORE_IN_CWD
      strcpy(dirname, "newdir");
      strcpy(filename, "newdir/newfile");
    #endif
    mkdir(dirname,S_IRWXU);
  #elif defined _WIN32
    #ifdef STORE_IN_HOME_DIR
      sprintf(dirname, "%s%s%s", getenv("HOMEDRIVE"), getenv("HOMEPATH"),
              "\\newdir\\");
      sprintf(filename, "%s%s", dirname, "newfile");
    #elif defined STORE_IN_CWD
      strcpy(dirname, "newdir");
      strcpy(filename, "newdir\\newfile");
    #endif
    CreateDirectory(dirname, NULL);
  #endif
  FILE* f = fopen(filename, "w+");  ❶
  fwrite(my_data, 1, strlen(my_data), f);
  fclose(f);
  return 0;
}
```

❶ fopen、fwrite、fclose 函式是 C 標準函式庫的一部分，在 Windows 及 Linux 上都可
以使用這些函式。

該程式碼中的標準化檔案相關函式的呼叫，讓作業變得簡單多了。此時你有一份通用的程式碼，而非針對 Windows 和 Linux 得用個別的檔案存取呼叫。通用程式碼可確保在兩個作業系統上的呼叫作業都能執行同樣的功能，而且在錯誤修正或新增功能之後，並無兩種實作分頭進行的危險。

然而，因為你的程式碼仍由 #ifdef 支配，所以這個程式碼是很難閱讀的。因此，確保你的主程式邏輯不會被程式碼變體混淆。用 Isolated Primitives 將程式碼變體與主程式邏輯分開。

Isolated Primitives

情境

你的程式碼會呼叫平台特定的函式。針對不同平台，你有不同段的程式碼，可以用 #ifdef 述句區分程式碼變體。因為無可用的標準化函式（在所有平台上以一致的方式提供你所需的功能），所以你不能直接用 Avoid Variants。

問題

以 #ifdef 述句組成的程式碼變體會讓程式碼變得不可讀。因為針對多個平台而多次實作，所以讓人難以理解該程式流程。

在試著弄懂程式碼時，你通常只會聚焦於一個平台，而 #ifdef 讓你得在程式碼中輾轉跳行，才能找到你關注的程式碼變體。

#ifdef 述句也會讓程式碼變得不好維護。這類述句導致程式設計師只在他們關注的某個平台修正程式碼，因為怕弄壞別的程式碼，所以不會動到其他部分。不過只修正某個錯誤或為某個平台新增功能，表示其他平台上的程式碼行為會漸行漸遠。替代方案——以別的方式在所有平台上修正這樣的錯誤——需要在所有平台上測試該程式碼。

對於具有許多程式碼變體的程式來說，要測試這樣的程式並不容易。新增每一種 #ifdef 述句會讓測試工作加倍，即所有可能的組合都必須經過測試。更糟的是，這樣的每個述句會使得所建置的（得經測試的）二進位檔的數量加倍。因為建置時間會增加，而提供給測試部門和客戶的二進位檔也會增加，所以這會有物流問題（logistic problem）。

解決方案

將你的程式碼變體獨立。在你的實作檔中，將處理變體的程式碼置於個別的函式中，並從主程式邏輯中呼叫這些函式，而主程式只有與平台無關的程式碼。

你的每個函式不是只有程式邏輯，就是只處理變體。你的函式不該同時做這兩件事。因此，函式中不是毫無 #ifdef 述句，就是 #ifdef 眾述句中每個 #ifdef 分支對應一個單獨變體相關函式呼叫。這種變體可能是個軟體功能（由建置設項所開啟或關閉的軟體功能），或可能是平台變體，如下列程式碼所示：

```
void handlePlatformVariants()
{
  #ifdef PLATFORM_A
    /* 呼叫平台 A 的函式 */
  #elif defined PLATFORM_B ❶
    /* 呼叫平台 B 的函式 */
  #endif
}

int main()
{
  /* 程式邏輯在此 */
  handlePlatformVariants();
  /* 後續程式邏輯 */
}
```

❶ 此與 else if 述句類似，可以使用 #elif 貼切表示互斥的變體。

利用每個 #ifdef 分支的單一函式呼叫，應該能夠為處理變體的函式，取得不錯的抽象化細度（granularity）。通常，細度會剛好位於要包裝的可用函式（平台特定的或功能特定的函式）層次。

若處理變體的函式仍然很複雜，而且還有 #ifdef 串接（即巢狀的 #ifdef 述句），則只有 Atomic Primitives 能夠處理了。

結果

此時因為程式碼變體與主程式邏輯分開，所以很容易就能理解該主程式邏輯。閱讀主程式碼時，不再得輾轉跳行，才能找出某特定平台上的程式碼所作所為。

為了確定程式碼在某特定平台上的所作所為，你必須檢視某個被呼叫的函式（實作此變體的函式）。將程式碼置於單獨被呼叫的函式中，好處是可從該檔案中的其他地方呼叫之，因此可以避免程式碼重複情況。若在其他實作檔中也需要此功能，則必須實作 Abstraction Layer。

任何程式邏輯應該不會被放入處理變體的函式中，因為很容易辨別程式碼中平台行為差異之處，所以可輕易找出並非在所有平台上都會發生的錯誤。

由於主程式邏輯與變體實作有明顯分開，因此程式碼重複情況的議題變得不太重要。不再有程式邏輯重複的傾向，因此並不會構成以下的威脅：無意中只會修正其中一個重複內容中的錯誤。

已知應用

下列是此模式的應用範例：

- VIM 文字編輯器的程式碼讓 htonl2 函式獨立，該函式會將資料以網路位元組順序轉換。VIM 的程式邏輯將 htonl2 定義為實作檔中的一個巨集。根據各平台的位元組順序個別編譯該巨集。

- OpenSSL 的 BIO_ADDR_make 函式會將 socket 資訊複製到某個內部 struct。此函式使用 #ifdef 述句處理作業系統特定及功能特定的變體（Linux/Windows 與 IPv4/IPv6 的區分）。該函式把這些變體從主程式邏輯獨立出來。

- GNUplot 的 load_rcfile 函式會從初始化檔讀取資料，並將作業系統特定的檔案存取作業與其他程式碼分開。

運用於示例中

此時你有 Isolated Primitives，如此一來，你的主程式邏輯會比較好閱讀，讀者也不需要因隔開變體而輾轉跳行解讀：

```
void getDirectoryName(char* dirname)
{
  #ifdef __unix__
    #ifdef STORE_IN_HOME_DIR
      sprintf(dirname, "%s%s", getenv("HOME"), "/newdir/");
    #elif defined STORE_IN_CWD
      strcpy(dirname, "newdir/");
    #endif
  #elif defined _WIN32
    #ifdef STORE_IN_HOME_DIR
```

```
        sprintf(dirname, "%s%s%s", getenv("HOMEDRIVE"), getenv("HOMEPATH"),
               "\\newdir\\");
      #elif defined STORE_IN_CWD
        strcpy(dirname, "newdir\\");
      #endif
  #endif
}

void createNewDirectory(char* dirname)
{
  #ifdef __unix__
    mkdir(dirname,S_IRWXU);
  #elif defined _WIN32
    CreateDirectory (dirname, NULL);
  #endif
}

int main()
{
  char dirname[50];
  char filename[60];
  char* my_data = "Write this data to the file";
  getDirectoryName(dirname);
  createNewDirectory(dirname);
  sprintf(filename, "%s%s", dirname, "newfile");
  FILE* f = fopen(filename, "w+");
  fwrite(my_data, 1, strlen(my_data), f);
  fclose(f);
  return 0;
}
```

此刻程式碼變體已各自獨立。可以很容易閱讀與理解 main 函式的程式邏輯（不含變體）。不過，getDirectoryName 這個新函式仍以 #ifdef 支配，讓人不好理解。僅用 Atomic Primitives 可能會有所幫助。

Atomic Primitives

情境

你已在你程式碼中使用 #ifdef 述句實作變體，並將這些變體置於個別函式中，以 Isolated Primitives 處理這些變體。這些基本單元會將這些變體與主程式流程分開，造就明確結構化與易於理解的主程式。

問題

內含變體並由主程式呼叫的函式，因為複雜的 #ifdef 程式碼全部都置於此函式中（才能在主程式中將其內容移除），所以依然讓人難以理解該函式。

倘若有多種變體要處理，而於一個函式中處理這些變體會有難度。例如，若單一函式使用 #ifdef 述句區分各種硬體和作業系統，則加入另一個作業系統變體時，由於得為所有硬體變體對應新增該作業系統變體，因此整體來說會有困難。再也不能於某個地方處理每個變體；作業量會隨著變體量呈倍數增加。這是個問題。應該在程式碼某處，輕易加入新的變體。

解決方案

將你的基本單元原子化。每個函式就只處理一種變體。若你處理多種變體——例如，作業系統變體和硬體變體——則每個變體都有個別處理的函式。

讓其中某個函式呼叫另一個已將某種變體抽象化的函式。若你將某個平台有關內容與某個功能有關內容抽象化，則因為你通常會提供跨所有平台的功能，所以讓功能有關的函式呼叫平台有關函式。因此，平台有關函式應該是最小原子（單元）函式，如下列程式碼所示：

```
void handleHardwareOfFeatureX()
{
  #ifdef HARDWARE_A
   /* 呼叫硬體 A 上功能 X 的函式 */
  #elif defined HARDWARE_B || defined HARDWARE_C
   /* 呼叫硬體 A 或硬體 B 上功能 X 的函式 */
  #endif
}

void handleHardwareOfFeatureY()
{
  #ifdef HARDWARE_A
   /* 呼叫硬體 A 上功能 Y 的函式 */
  #elif defined HARDWARE_B
   /* 呼叫硬體 B 上功能 Y 的函式 */
  #elif defined HARDWARE_C
   /* 呼叫硬體 C 上功能 Y 的函式 */
  #endif
}

void callFeature()
{
```

```
  #ifdef FEATURE_X
    handleHardwareOfFeatureX();
  #elif defined FEATURE_Y
    handleHardwareOfFeatureY();
  #endif
}
```

若有個函式，得清楚提供跨多種變體的某功能，以及處理這些變體，則該函式的作用域可能是錯誤的。也許這個函式過於籠統，或不止做一件事。依 Function Split 模式的建議將該函式分解。

在內有程式邏輯的主程式碼中呼叫 Atomic Primitives。若你要在其他實作檔中，透過明確定義的介面，採用 Atomic Primitives，則可使用 Abstraction Layer。

結果

此時每個函式只會處理一種變體。因為不再有 #ifdef 述句串接，所以可輕易理解當中的每個函式。現在每個函式只針對其中一種變體抽象化，就僅做這樣一件事。因此，這些函式依循單一職責原則。

既然無 #ifdef 串接，程式設計師就不太會在單一函式中直接處理另一種變體，即採取 #ifdef 串接的可能性低於擴充現有串接的可能性。

對於個別函式而言，針對另一種變體，皆可輕易擴充每種變體。為此，只要在一個函式中加入一個 #ifdef 分支，不須動到負責處理其他種變體的函式。

已知應用

下列是此模式的應用範例：

- OpenSSL 的 *threads_pthread.c* 實作檔包含執行緒處理函式。有個別函式用於作業系統抽象化，還有個別函式會針對是否有 pthreads 可供使用的情況抽象化。

- SQLite 的程式碼含有對作業系統特定檔案存取抽象化的函式（例如，fileStat 函式）。該程式碼將檔案存取相關的編譯期功能抽象化（搭配其他個別函式）。

- Linux 的 boot_jump_linux 函式會根據在該函式中 #ifdef 述句所處理的 CPU 架構，呼叫另一個函式執行個別的啟動動作。而 boot_jump_linux 函式會呼叫另一個函式，以 #ifdef 述句選取要清理的設定資源（USB、網路等）。

運用於示例中

就 Atomic Primitives 而言，此刻你會有下列函式，可讓你決定目錄路徑：

```
void getHomeDirectory(char* dirname)
{
  #ifdef __unix__
    sprintf(dirname, "%s%s", getenv("HOME"), "/newdir/");
  #elif defined _WIN32
    sprintf(dirname, "%s%s%s", getenv("HOMEDRIVE"), getenv("HOMEPATH"),
          "\\newdir\\");
  #endif
}

void getWorkingDirectory(char* dirname)
{
  #ifdef __unix__
    strcpy(dirname, "newdir/");
  #elif defined _WIN32
    strcpy(dirname, "newdir\\");
  #endif
}

void getDirectoryName(char* dirname)
{
  #ifdef STORE_IN_HOME_DIR
    getHomeDirectory(dirname);
  #elif defined STORE_IN_CWD
    getWorkingDirectory(dirname);
  #endif
}
```

此時程式碼變體已各自獨立。若要取得目錄名稱，現在你有數個函式可用（每個函式只有一個 #ifdef），而不是只用一個複雜的函式（內有多個 #ifdef）。因為此時每個函式只執行一件事情（而非與 #ifdef 串接區分數種變體），所以對於該程式碼的理解變得容易許多。

目前這些函式非常簡單好讀，但你的實作檔依然很冗長。此外，一個實作檔含有主程式邏輯，以及用來區分變體的程式碼。因此要平行開發或個別測試變體程式碼幾乎是不可能的。

為求改進，將實作檔分成「與變體有關」及「與變體無關」兩種檔案。就此要建立 Abstraction Layer。

Abstraction Layer

情境

你的平台變體是在程式碼中以 `#ifdef` 述句區分的。你可以使用 Isolated Primitives 將這些變體與程式邏輯分開,並確保你有用 Atomic Primitives。

問題

你希望在程式庫多處使用處理平台變體的功能,但你不想要有該功能的重複程式碼。

你的呼叫者可能習慣直接使用平台特定函式,但因為每個呼叫者得實作自己的平台變體,所以你不再希望那樣做。一般而言,呼叫者不該處理平台變體。在呼叫者的程式碼中,不需要知道不同平台的實作細節,而呼叫者應該不必使用 `#ifdef` 述句,引入平台特定的標頭檔。

你甚至考慮與其他程式設計師合作(而非與平台無關的程式碼負責人共事),分別開發及測試與平台有關的程式碼。

你希望之後能夠變更平台特定的程式碼,而不需要此程式碼的呼叫者關注這項改變。若與平台相關程式碼的程式設計師進行某平台的錯誤修正,或者他們新增另外一個平台,則一定不需要變更呼叫者的程式碼。

解決方案

為需要平台特定程式碼的每個功能提供 API。僅在標頭檔中定義與平台無關的函式,並將所有平台特定的 `#ifdef` 程式碼置於實作檔中。你的函式呼叫者只引入你的標頭檔,不必引入平台特定的檔案。

因為之後變更 API 時,需要變更呼叫者的程式碼,而有時候這是不可能做到的,所以試圖為抽象層設計穩定的 API。然而,設計穩定的 API 是非常困難的事。對於平台抽象化而言,試著觀察各種平台,即使是你尚未支援的平台也一併考量。在你了解它們的運作方式與差異之後,可以建立 API 將這些平台的功能抽象化。如此一來,之後就不用變更 API,即使你後來予以支援其他平台時,也一樣不用動到 API。

確保詳細記載 API。對每個函式加上註解,描述函式功能。此外,也要描述哪些平台有支援這些函式(若你整個程式庫他處並未清楚定義的話)。

下列程式碼是簡單的抽象層：

caller.c

```
#include "someFeature.h"

int main()
{
  someFeature();
  return 0;
}
```

someFeature.h

```
/* 提供 someFeature 的通用函式。
   在平台 A 和平台 B 上有支援 someFeature 功能。 */
void someFeature();
```

someFeature.c

```
void someFeature()
{
  #ifdef PLATFORM_A
    performFeaturePlatformA();
  #elif defined PLATFORM_B
    performFeaturePlatformB();
  #endif
}
```

結果

可在程式碼中任意處使用抽象功能，而非僅能在某單一實作檔中運用。換句話說，此時你有呼叫者與被呼叫者兩種職責。被呼叫者必須處理平台變體，而呼叫者可以與平台無關。

此設置的好處是呼叫者不需要處理平台特定的程式碼。呼叫者只要引入給定的標頭檔，且不需要引入平台特定的標頭檔。缺點是呼叫者不再可以直接使用所有平台特定函式。若呼叫者已慣用這些函式，則呼叫者可能對抽象的功能使用有所不滿，可能會覺得不好用或功能不佳。

此時可以開發平台特定的程式碼，甚至能與其他程式碼分開測試。目前因為你可以模擬硬體特定程式碼，針對與平台無關的程式碼編寫簡單測試，所以測試工作是可管控的，即使有多個平台也是如此。

為所有平台特定函式建置這樣的 API 時，這些函式及 API 的全部內容即為程式庫的平台抽象層。就平台抽象層來說，哪些程式碼是與平台有關的，而哪些內容是與平台無關的，一目了然。平台抽象層也會明確表示得動到哪些部分的程式碼才能支援另一個平台。

已知應用

下列是此模式的應用範例：

- 可在多個平台上執行的大型程式，大多都有硬體的 Abstraction Layer。例如，Nokia 的 Maemo 平台有這樣的 Abstraction Layer，將已載入的實際裝置驅動程式抽象化。

- lighttpd web 伺服器的 sock_addr_inet_pton 函式會將 IP 位址文字轉成二進位格式。該實作使用 #ifdef 述句區分 IPv4 和 IPv6 的程式碼變體。API 的呼叫者看不到此區分內容。

- gzip 資料壓縮程式的 getprogname 函式會回傳叫用程式的名稱。取得此名稱的方式視作業系統而定，其中是在實作中透過 #ifdef 述句區分。呼叫者不必在意是在哪個作業系統上呼叫該函式。

- Flemming Bunzel 的學士論文《Hardware-Abstraction of an Open Source Real-Time Ethernet Stack—Design, Realisation and Evaluation》（*https://oreil.ly/hs0Jh*）有描述一個硬體抽象層（用於 Time-Triggered Ethernet 協定）。該硬體抽象層包括用於存取中斷及計時器的函式。為了避免效能損失，這些函式以 inline 標示（即為內嵌函式）。

運用於示例中

此時你有一段更為精簡的程式碼。每個函式只會執行一個動作，你將變體的實作細節隱在 API 後面：

directoryNames.h

```
/* 將位於使用者主目錄中的「newdir」新目錄路徑複製到「dirname」中。
   可於 Linux 和 Windows 上運作。 */
void getHomeDirectory(char* dirname);


/* 將位於當前工作目錄中的「newdir」新目錄路徑複製到「dirname」中。
   可於 Linux 和 Windows 上運作。 */
void getWorkingDirectory(char* dirname);
```

directoryNames.c

```c
#include "directoryNames.h"
#include <stdio.h>
#include <stdlib.h>
#include <string.h>

void getHomeDirectory(char* dirname)
{
  #ifdef __unix__
    sprintf(dirname, "%s%s", getenv("HOME"), "/newdir/");
  #elif defined _WIN32
    sprintf(dirname, "%s%s%s", getenv("HOMEDRIVE"), getenv("HOMEPATH"),
            "\\newdir\\");
  #endif
}

void getWorkingDirectory(char* dirname)
{
  #ifdef __unix__
    strcpy(dirname, "newdir/");
  #elif defined _WIN32
    strcpy(dirname, "newdir\\");
  #endif
}
```

directorySelection.h

```c
/* 將「newdir」新目錄路徑複製到「dirname」中。
   若 STORE_IN_HOME_DIR 被設立的話，則該目錄位於使用者主目錄中，
   若設立的是 STORE_IN_CWD，則該目錄位於當前工作目錄中。 */
void getDirectoryName(char* dirname);
```

directorySelection.c

```c
#include "directorySelection.h"
#include "directoryNames.h"

void getDirectoryName(char* dirname)
{
  #ifdef STORE_IN_HOME_DIR
    getHomeDirectory(dirname);
  #elif defined STORE_IN_CWD
    getWorkingDirectory(dirname);
  #endif
}
```

directoryHandling.h

```c
/* 建立指定名稱（「dirname」）的新目錄。
   可於 Linux 和 Windows 上運作。 */
void createNewDirectory(char* dirname);
```

directoryHandling.c

```c
#include "directoryHandling.h"
#ifdef __unix__
  #include <sys/stat.h>
#elif defined _WIN32
  #include <windows.h>
#endif

void createNewDirectory(char* dirname)
{
  #ifdef __unix__
    mkdir(dirname,S_IRWXU);
  #elif defined _WIN32
    CreateDirectory (dirname, NULL);
  #endif
}
```

main.c

```c
#include <stdio.h>
#include <string.h>
#include "directorySelection.h"
#include "directoryHandling.h"

int main()
{
  char dirname[50];
  char filename[60];
  char* my_data = "Write this data to the file";
  getDirectoryName(dirname);
  createNewDirectory(dirname);
  sprintf(filename, "%s%s", dirname, "newfile");
  FILE* f = fopen(filename, "w+");
  fwrite(my_data, 1, strlen(my_data), f);
  fclose(f);
  return 0;
}
```

你主程式邏輯的檔案最終會從作業系統中完全獨立出來；在此甚至不會引入作業系統特定標頭檔。用 Abstraction Layer 把實作檔隔開，可更容易理解這些檔案，並在其他部分的程式碼中能再用這些函式。此外，對於平台有關的程式碼以及平台無關的程式碼，兩者的開發、維護、測試也可分開進行。

若你在 Abstraction Layer 後面用 Isolated Primitives，而你已依據其所抽象的變體種類組織起來，則最終會有個硬體抽象層或作業系統抽象層。現在，你比之前擁有更多的程式碼檔——尤其是處理各種變體的程式碼——可以考慮將它們結構化成 Software-Module Directories。

此時，用到 Abstraction Layer API 的程式碼相當簡明，但 API 之下的實作仍有針對各種變體的 #ifdef 程式碼。這樣的缺點是，例如若得支援另外的作業系統，則必須動到這些實作，內容因此增長。在加入另一個變體時為了避免動到現存的實作檔，你可以用 Split Variant Implementations。

Split Variant Implementations

情境

擬將平台變體藏在 Abstraction Layer 後面。在平台特定實作中，你用 #ifdef 述句區分程式碼變體。

問題

平台特定的實作依然有 #ifdef 述句，用於區分程式碼變體。因而難以知道與決定該為哪個平台建置哪部分的程式碼。

因為各種平台的程式碼會放在單一檔案中，所以不能以檔案基礎選擇平台特定程式碼。然而，這是像 Make 這類工具所採取的做法，為了提供不同平台的變體，這種工具通常透過 Makefile 負責選取要編譯的檔案。

以高層次角度觀察該程式碼時，無法得知哪些部分是否為平台特定的，但當把程式碼移植到另一個平台時，為了能迅速得知必須動到哪些程式碼，這是相當可取的做法。

開放封閉原則表示，為了引進新功能（或移植到新平台），沒有必要動到現有的程式碼。程式碼應該對這樣的修改呈開放狀態。然而，以 #ifdef 述句隔開的平台變體，在引進新平台時得動到現有的實作，原因是必須把另一個 #ifdef 分支放在現有的函式中。

解決方案

將每個變體實作放入單獨實作檔中,並根據每個檔案內容選擇你想要為其對應平台編譯的內容。

同一個平台的相關函式仍可放入同一個檔案中。例如,某個檔案可集結 Windows 上所有的 socket 處理函式,而另一個這樣的檔案可以針對 Linux 做相同的動作。

對於每個平台的個別檔案而言,可以使用 **#ifdef** 述句決定在特定平台上編譯哪些程式碼。例如,*someFeatureWindows.c* 檔可在整個檔案中用一個 **#ifdef _WIN32** 述句,類似 Include Guard 的做法:

someFeature.h

```
/* 提供 someFeature 的通用函式。
   在平台 A 和平台 B 上有支援 someFeature 功能。 */
someFeature();
```

someFeatureWindows.c

```
#ifdef _WIN32
  someFeature()
  {
    performWindowsFeature();
  }
#endif
```

someFeatureLinux.c

```
#ifdef __unix__
  someFeature()
  {
    performLinuxFeature();
  }
#endif
```

除整個檔案中使用 **#ifdef** 述句外,其他與平台無關的機制(諸如 Make)可用於決定在特定平台上編譯哪些程式碼(以檔案為基礎)。若你的 IDE 可協助產生 Makefile,該替代方案可能更適合你,但注意,在變更 IDE 時,在新的 IDE 中,你可能得重新設定在哪個平台上要編譯哪些檔案。

對於平台的個別檔案來說，要將這些檔案置於何處以及要如何命名，都是問題：

- 一種做法是讓每個軟體模組的平台特定檔案比鄰共處，並以能清楚表明它們涵蓋哪個平台的方式為它們命名（例如，*fileHandlingWindows.c*）。這樣的 Software-Module Directories 好處是軟體模組的實作都位在相同處。

- 另一種做法是將程式庫的所有平台特定檔案放入一個目錄中，而且每個平台都會對應一個子目錄。這樣的優點是一個平台的所有檔案都位於相同位置，而在你的 IDE 中，設定在哪個平台上要編譯哪些檔案，會容易許多。

結果

此時，程式碼中可能完全沒有 `#ifdef` 述句，而是用工具（例如 Make）以檔案基礎區分變體。

在每個實作檔中，目前只有一個程式碼變體，因此閱讀該程式碼時，不需要只為了閱讀你正在尋找的 `#ifdef` 分支而輾轉跳行。閱讀和了解該程式碼要容易得多。

當在某個平台上修正錯誤時，不會動到其他平台上的檔案。當移植到新平台時，只需要加入新檔案，而不會改到現有檔案或現有程式碼。

可以很容易就知道哪部分的程式碼是與平台有關的，而為了移植到新平台得加入哪些程式碼。所有平台特定檔案不是位於同一個目錄中，就是檔案的命名方式要清楚表明是與平台有關的。

然而，將每個變體放入單獨檔案時，會建立許多新檔案。檔案數量越多，建置程序就越複雜，你的程式碼編譯時間就越長。你需要考量如何讓檔案結構化，例如使用 Software-Module Directories。

已知應用

下列是此模式的應用範例：

- Brian Hook 在《*Write Portable Code: An Introduction to Developing Software for Multiple Platforms*》（No Starch Press，2005）一書中介紹 Simple Audio Library，其中使用個別實作檔，提供 Linux 和 OS X 的執行緒與 Mutexes 的存取。實作檔使用 `#ifdef` 述句確保只會編譯對應平台的程式碼。

- Apache web 伺服器的 Multi-Processing-Module 負責處理 web 伺服器的存取，針對 Windows 及 Linux 以個別實作檔實作而成。實作檔使用 `#ifdef` 述句確保只會編譯對應平台的程式碼。

- U-Boot 啟動載入程式的程式碼會將其支援的每個硬體平台原始碼放入單獨的目錄中。其中每個目錄都有 *cpu.c* 檔案，內含 CPU 重設函式。Makefile 會決定要編譯哪個目錄（以及哪個 *cpu.c* 檔）——這些檔案中沒有 `#ifdef` 述句。U-Boot 的主程式邏輯會呼叫該函式重設 CPU，就此不需要在意硬體平台的細節。

運用於示例中

用了 Split Variant Implementations 之後，你會有下列最終版的程式碼（功能是建立一個目錄以及將資料寫入一個檔案中）：

directoryNames.h

```
/* 將位於使用者主目錄中的「newdir」新目錄路徑複製到「dirname」中。
   可於 Linux 和 Windows 上運作。 */
void getHomeDirectory(char* dirname);

/* 將位於當前工作目錄中的「newdir」新目錄路徑複製到「dirname」中。
   可於 Linux 和 Windows 上運作。 */
void getWorkingDirectory(char* dirname);
```

directoryNamesLinux.c

```
#ifdef __unix__
  #include "directoryNames.h"
  #include <string.h>
  #include <stdio.h>
  #include <stdlib.h>

  void getHomeDirectory(char* dirname)
  {
    sprintf(dirname, "%s%s", getenv("HOME"), "/newdir/");
  }

  void getWorkingDirectory(char* dirname)
  {
    strcpy(dirname, "newdir/");
  }
#endif
```

directoryNamesWindows.c

```c
#ifdef _WIN32
  #include "directoryNames.h"
  #include <string.h>
  #include <stdio.h>
  #include <windows.h>

  void getHomeDirectory(char* dirname)
  {
    sprintf(dirname, "%s%s%s", getenv("HOMEDRIVE"), getenv("HOMEPATH"),
            "\\newdir\\");
  }

  void getWorkingDirectory(char* dirname)
  {
    strcpy(dirname, "newdir\\");
  }
#endif
```

directorySelection.h

```c
/* 將「newdir」新目錄路徑複製到「dirname」中。
   若 STORE_IN_HOME_DIR 被設立的話，則該目錄位於使用者主目錄中，
   若設立的是 STORE_IN_CWD，則該目錄位於當前工作目錄中。 */
void getDirectoryName(char* dirname);
```

directorySelectionHomeDir.c

```c
#ifdef STORE_IN_HOME_DIR
  #include "directorySelection.h"
  #include "directoryNames.h"

  void getDirectoryName(char* dirname)
  {
    getHomeDirectory(dirname);
  }
#endif
```

directorySelectionWorkingDir.c

```c
#ifdef STORE_IN_CWD
  #include "directorySelection.h"
  #include "directoryNames.h"

  void getDirectoryName(char* dirname)
  {
    return getWorkingDirectory(dirname);
```

```
    }
  #endif
```

directoryHandling.h

```
  /* 建立指定名稱 (「dirname」) 的新目錄。
    可於 Linux 和 Windows 上運作。 */
  void createNewDirectory(char* dirname);
```

directoryHandlingLinux.c

```
  #ifdef __unix__
    #include <sys/stat.h>

    void createNewDirectory(char* dirname)
    {
      mkdir(dirname,S_IRWXU);
    }
  #endif
```

directoryHandlingWindows.c

```
  #ifdef _WIN32
    #include <windows.h>

    void createNewDirectory(char* dirname)
    {
      CreateDirectory(dirname, NULL);
    }
  #endif
```

main.c

```
  #include "directorySelection.h"
  #include "directoryHandling.h"
  #include <string.h>
  #include <stdio.h>

  int main()
  {
    char dirname[50];
    char filename[60];
    char* my_data = "Write this data to the file";
    getDirectoryName(dirname);
    createNewDirectory(dirname);
    sprintf(filename, "%s%s", dirname, "newfile");
    FILE* f = fopen(filename, "w+");
```

```
        fwrite(my_data, 1, strlen(my_data), f);
        fclose(f);
        return 0;
    }
```

在此程式碼中，依然存在 #ifdef 述句。每個實作檔都有個巨大的 #ifdef，用於確保針對每個平台和變體，都能編譯對應的程式碼。另外，應編譯哪些檔案的相關決定，可擺在 Makefile 中。如此可移除 #ifdef，而你只要使用另一個機制於變體之間抉擇。打算用哪個機制並不重要。如本章所述，更重要的是變體的獨立與抽象化。

雖然程式碼檔案在使用其他機制處理變體時看起來更簡明，不過其複雜度依然如故。將此複雜度轉至 Makefile 的主意不錯，理由是 Makefile 的目的是決定要建置哪些檔案。在其他情況下，最好使用 #ifdef 述句。例如，若你正在建置作業系統特定的程式碼，則可能是 Windows 專有的 IDE 和 Linux 另外的 IDE，用來決定要建置哪些檔案。就此在程式碼使用 #ifdef 述句的解決方案是比較簡明的；應為哪個作業系統建置哪個檔案，其相關設定用 #ifdef 述句只要做一次即可，而在變更至另一個 IDE 時，則不用動到該檔案。

示例最終版的程式碼非常明確地說明如何逐步改進內有作業系統特定變體或其他變體的程式碼。與前面第一版的範例程式相比，最後這段程式碼是可讀的，而且可以輕易將其擴充，附加功能，或移植到其他作業系統，而不需要動到現有的程式碼。

總結

本章介紹的模式是在 C 程式中如何處理變體（譬如硬體或作業系統變體），以及如何組織與移除 #ifdef 述句。

Avoid Variants 模式建議使用標準化函式，而非自行實作的變體。因為這個模式可立即解決程式碼變體相關議題，所以應該隨時都適用。然而，並不非一直都有標準化函式可用，在這樣的情況下，程式設計師得實作自己的函式，將該變體抽象化。起初，Isolated Primitives 建議將變體置於個別函式中，而 Atomic Primitives 表示只在這樣的函式中處理一種變體。Abstraction Layer 採取另外的步驟，將基本單元的實作隱藏在 API 後面。Split Variant Implementations 建議將每個變體放在單獨的實作檔中。

將這些模式作為程式設計術語的一部分，C 程式設計師就擁有一個工具箱以及逐步指引（其內容是為了讓程式碼結構化而如何處理 C 程式碼變體，以及脫離 #ifdef 地獄）。

對於有經驗的程式設計師而言，有些模式可能看起來像是顯而易見的解決方案，這是不錯的。模式的一個任務是教導人們如何做對的事；一旦人們知道如何做對的事，就會如同模式建議的那樣直覺為之，所以就不再需要這些模式了。

深究

若你想要知道更多內容，以下有些資源能夠協助你累積平台與變體的知識。

- Brian Hook 在《*Write Portable Code: An Introduction to Developing Software for Multiple Platforms*》（No Starch，2005）一書中描述如何以 C 編寫可攜式程式碼。本書以特定情況的建議（例如處理位元組順序、資料型別大小、行分隔號），論及作業系統變體與硬體變體。

- Henry Spencer 與 Geoff Collyer 的〈#ifdef Considered Harmful〉（*https://oreil.ly/eZ2CW*）是最早對 `#ifdef` 述句的使用提出質疑論述的其中一篇文章。該文詳盡說明以非結構化方式運用這個述句時所衍生的問題，並因此提出替代方案。

- Didier Malenfant 在〈Writing Portable Code〉（*https://oreil.ly/XkTbj*）一文中描述如何讓可攜式程式碼結構化，以及應該將哪些功能置於抽象層之下。

展望

你現在已備有不少模式了。接著要學習如何運用本章模式以及前幾章的模式。後續幾章會介紹大型範例程式，說明這些模式的應用。

第二部分

模式案例

說故事（講案例）是自然傳達資訊的方式。在模式領域中，有時難以得知所述的模式如何應用於現實環境中。為了呈現這樣的模式應用範例，本書的第二部分要向你講案例——應用本書第一部分的 C 程式設計模式實作大型程式。你將學習如何逐步建置這樣的程式，並為你提供優質設計決策的指引，而見證這些模式如何讓你的生活更輕鬆。

第十章

記錄功能實作

在對的情況下選擇對的模式，對於設計軟體時有很大的幫助。但有時很難找到對的模式與難以決定應用時機。你可以從本書第一部分每個模式的情境小節與問題小節中找到該模式的指引。但藉由瀏覽一個具體例子通常會更容易理解如何作業。

本章要講述的案例是將本書第一部分的模式運用於一個示例中，該示例是工業級記錄系統實作的抽象化呈現。為了容易掌握範例程式，並未涵蓋原工業級程式碼的所有層面。例如，程式碼設計並無涉及效能或可測試性的部分。然而，這個範例正好說明如何應用模式建置一個記錄系統。

模式案例

想像你有個 C 程式在外地，必須由你維護。若出現一個錯誤，你得上車，開到客戶那裡除錯。在客戶搬到另一個城市之前，這樣做無妨。在那之後，開車需要花數個小時，這就麻煩了。

你寧可在自己的辦公室解決這個問題，既省時又省事。在某些情況下，你可以利用遠端除錯。在其他情況下，你需要錯誤發生時軟體確切狀態的相關細節，這很難用遠端連線取得（尤其是偶發錯誤的情況下）。

也許你已經猜到，避免長途車程的解決辦法是什麼了。你的解決方案是實作記錄功能，並在發生錯誤時要求客戶，把帶有除錯資訊的記錄檔傳給你。換句話說，你要實作 Log Errors 模式，才能在錯誤發生之後加以分析，如此讓你不用重現錯誤情況及可輕易修正那些錯誤。雖然聽起來很簡單，不過你需要做諸多重要的設計決策，才能實作記錄功能。

檔案組織

起初，組織你預期需要的標頭檔和實作檔。你已有大型程式庫，因此，你想要將這些檔案與其餘程式碼明確分開。你該如何組織這些檔案呢？你是否應該將記錄相關的所有檔案放在同一個目錄中？你是否應該將程式碼的所有標頭檔放入單一目錄中？

為了回答這些問題，你搜尋與組織檔案有關的模式，而在第六章與第八章找到。你已閱讀這些模式的問題敘述，而相信已描述的解決方案中所提供的知識。最終用了下列三個模式順利解決你的問題：

模式	摘要
Software-Module Directories	將屬於緊密耦合功能的標頭檔和實作檔放在同一個目錄中。依標頭檔所示的功能命名該目錄。
Header Files	針對要提供給使用者的功能，你會將其函式宣告放在 API 中。而將內部函式、內部資料及函式定義（實作）隱藏在實作檔中，並不會把該實作檔提供給使用者。
Global Include Directory	在程式庫中會有一個全域目錄，內含所有軟體模組 API。將此目錄新增至你工具鏈中全域的引入路徑。

為你的實作檔建立 Software-Module Directory，並將記錄軟體模組的 Header File 放到程式庫現存的 Global Include Directory 中。Global Include Directory 含有該標頭檔，這樣的優點是，你的程式碼呼叫者肯定會知道自己應該使用哪個標頭檔。

你的檔案結構應如圖 10-1 所示。

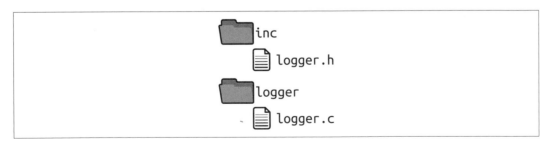

圖 10-1　檔案結構

對於這個檔案結構來說，你可以將僅與記錄軟體模組有關的實作檔，放到 *logger* 目錄中。你可將能被程式其他部分使用的介面放入 *inc* 目錄中。

集中記錄函式

首先，為錯誤記錄實作一個集中函式，該函式接收自訂錯誤文字，將目前時間戳記加入這些文字中，並將內容顯示在標準輸出。時間戳記資訊可讓你之後更容易分析錯誤文字。

將該函式宣告放在 *logger.h* 檔案中。為了保護你的標頭檔避免多次引入，而加入 Include Guard。不需要儲存該程式碼中的資訊，或初始化；只需實作 Stateless Software-Module。無狀態記錄器（logger）會有許多好處：讓你的記錄程式碼保持簡明，而且在多執行緒環境中呼叫該程式碼時，作業會變得更容易。

模式	摘要
Include Guard	保護標頭檔的內容不會被多次引入，讓開發人員使用這些標頭檔時，就不用在意是否有多次引入的情況。使用互鎖的 `#ifdef` 述句或 `#pragma once` 述句達成所求。
Stateless Software-Module	簡單實作函式，內容不用狀態資訊。將相關函式全部放入一個標頭檔，並將該軟體模組的介面提供給呼叫者。

logger.h
```
#ifndef LOGGER_H
#define LOGGER_H
void logging(const char* text);
#endif
```

呼叫者的程式碼
```
logging("Some text to log");
```

為了在你的 *logger.h* 檔案中實作該函式，呼叫 `printf` 將時間戳記和文字寫入 `stdout`。但是，若你的函式呼叫者提供無效的記錄輸入，譬如 NULL 指標，該怎麼辦？你是否應檢查這樣的無效輸入，並提供錯誤資訊給呼叫者呢？遵循 Samurai Principle，按照此原則來說，你不應該回傳與程式設計錯誤有關的錯誤資訊。

模式	摘要
Samurai Principle	無論結果成功與否，函式皆會回返。若有發生已知錯誤無法被處理的情況，則中止程式執行。

將給定的文字轉給 printf 函式，若為無效的輸入，則你的程式直接當掉，如此一來呼叫者可輕易找出與無效輸入相關的程式設計錯誤：

logger.c
```
void logging(const char* text)
{
  time_t mytime = time(NULL);
  printf("%s %s\n", ctime(&mytime), text);
}
```

若你在多執行緒程式環境中呼叫該函式，則會怎麼樣？供給該函式的字串是否可以由其他執行緒變更，或在記錄函式作業完成之前，字串是否必須維持不變？在前述的範例程式中，呼叫者必須提供 text 作為 logging 函式的輸入，並負責確保字串於函式回返前持續有效。所以我們在此會用一個 Caller-Owned Buffer。必須在該函式的介面中記載該行為。

模式	摘要
Caller-Owned Buffer	需要呼叫者提供緩衝區及其尺寸給被呼叫的函式（回傳大型、複雜資料的函式）。在函式實作中，若緩衝區大小足夠，可將所需的資料複製到緩衝區裡。

logger.h
```
/* 在 stdout 中顯示目前時間戳記，隨後接著給定的字串。
   在此函式回返前，字串必須持續有效。 */
void logging(const char* text);
```

記錄源篩選器

此時想像每個軟體模組皆呼叫該記錄函式，記錄某些資訊。輸出結果可能會顯得相當混亂，尤其是若你有個多執行緒程式的話。

為了更容易取得你正在尋找的資訊，你希望能夠設定程式碼，只顯示已設定的軟體模組的記錄資訊。為此，對你的函式增加另一個參數，用於指定目前的軟體模組。新增一個函式，啟用某軟體模組的輸出顯示。若該函式被呼叫，則會顯示該軟體模組的所有未來記錄輸出：

logger.h
```
/* 在 stdout 中顯示目前時間戳記，隨後接著給定的字串。
   在此函式回返前，字串必須持續有效。
```

```
        以給定的模組指定呼叫此函式的軟體模組。 */
    void logging(const char* module, const char* text);

    /* 啟用給定模組的輸出顯示。 */
    bool enableModule(const char* module);
```

呼叫者的程式碼

```
    logging("MY-SOFTWARE-MODULE", "Some text to log");
```

你要如何掌握應該呈現的軟體模組記錄資訊內容？你應該將狀態資訊儲存於全域變數中，或者每個全域變數都有一種程式碼壞味道？還是為了避免用全域變數，你應該用另外一個參數傳給儲存此狀態資訊的所有函式嗎？是否應在你程式的整個生命期間配置必要的記憶體？這些問題的答案涉及的模式是——用 Eternal Memory 實作 Software-Module with Global State。

模式	摘要
Software-Module with Global State	有一個全域實體可讓你的相關函式共用資源。將執行實體相關作業的全部函式，放入一個標頭檔中，並將該軟體模組介面提供給呼叫者。
Eternal Memory	將資料放在程式整個生命期間皆可供使用的記憶體中。

logger.c

```
    #define MODULE_SIZE 20
    #define LIST_SIZE 10
    typedef struct
    {
      char module[MODULE_SIZE];
    }LIST;
    static LIST list[LIST_SIZE];
```

在此會用下列的函式啟用軟體模組，將其填入前述範例程式的串列：

logger.c

```
    bool enableModule(const char* module)
    {
      for(int i=0; i<LIST_SIZE; i++)
      {
        if(strcmp(list[i].module, "") == 0)
        {
          strcpy(list[i].module, module);
          return true;
        }
```

```
        if(strcmp(list[i].module, module) == 0)
        {
          return false;
        }
      }
      return false;
    }
```

若串列中有空槽，而且該軟體模組名稱尚未出現在串列中，則前述程式碼會將該軟體模組名稱加入這個串列中。呼叫者可透過 Return Value 確認是否有錯誤發生，但不會知道發生的是其中哪一個錯誤。你不是用 Return Status Codes；而僅是用 Return Relevant Errors，原因是沒有相關的方案，讓呼叫者可依敘述的錯誤情況做出不同的反應。你也應該將此行為記載在函式定義中。

模式	摘要
Return Value	直接使用一個 C 語言機制提取函式呼叫所得結果的相關資訊：Return Value。C 語言的回傳資料機制會複製函式結果，並供給呼叫者，讓呼叫者可存取這個副本。
Return Relevant Errors	若錯誤資訊和呼叫者相關的話，才將該錯誤資訊回傳給呼叫者。若呼叫者可以對這個資訊有所反應，即表示該錯誤資訊與呼叫者相關。

logger.h
```
    /* 啟用顯示指定模組的輸出。作業成功時回傳 true，有錯誤時
       （如：無模組可啟用，或模組已被啟用）回傳 fasle。 */
    bool enableModule(const char* module);
```

條件記錄

此時，對於串列中已啟用的軟體模組來說，你可以依據這些模組，有條件的記錄資訊，如下列程式碼所示：

logger.c
```
    void logging(const char* module, const char* text)
    {
      time_t mytime = time(NULL);
      if(isInList(module))
      {
        printf("%s %s\n", ctime(&mytime), text);
      }
    }
```

但你如何實作 isInList 函式呢？有數種方式可以遍歷一個串列。你可以用 Cursor Iterator，呼叫其中的 getNext 方法，將基礎資料結構抽象化。但在此有必要這樣嗎？畢竟，你只是遍歷你軟體模組中的一個陣列。因為迭代處理的資料不會跨過可能得維持相容的 API 界限，所以你可以在此運用較為簡單的解決方案。Index Access 直接以索引存取你要迭代處理的元素：

模式	摘要
Index Access	提供一個函式並以一個索引參數指定基礎資料結構中的元素，以及回傳此元素的內容。使用者會在迴圈中呼叫此函式，迭代處理所有元素。

logger.c

```c
bool isInList(const char* module)
{
  for(int i=0; i<LIST_SIZE; i++)
  {
    if(strcmp(list[i].module, module) == 0)
    {
      return true;
    }
  }
  return false;
}
```

此時，已編寫軟體模組特定記錄的所有程式碼。該程式碼僅以索引遞增的方式迭代處理這個資料結構。在你 enableModule 函式中已用過同樣類型的迭代作業。

多個記錄目的端

接著，你要為記錄條目供應不同的目的端。到目前為止，所有輸出都會被記錄至 stdout，但你希望呼叫者能夠設定你的程式碼，直接記錄到某個檔案中。這樣的設定通常會在記錄動作開始前完成。先從下列的函式開始，該函式讓你為所有的未來記錄設定記錄目的端：

logger.h

```c
/* 所有的未來記錄訊息會被記錄到 stdout */
void logToStdout();

/* 所有的未來記錄訊息都會被記錄至某檔案中 */
void logToFile();
```

若要實作此記錄目的端選擇功能，你可以直接用 if 或 switch 述句，依所設定的記錄目的端呼叫對應的函式。然而，每次你增加另一個記錄目的端時，都得動到該段程式碼。按開放封閉原則來說，這並非好的解決方案。比較好的做法是實作 Dynamic Interface。

模式	摘要
Dynamic Interface	為你的 API 中有差異的功能定義共同介面，並要求呼叫者提供該功能的回呼函式，而在函式實作中呼叫該回呼函式。

logger.c

```c
typedef void (*logDestination)(const char*);
static logDestination fp = stdoutLogging;

void stdoutLogging(const char* buffer)
{
  printf("%s", buffer);
}

void fileLogging(const char* buffer)
{
  /* 尚未實作 */
}

void logToStdout()
{
  fp = stdoutLogging;
}

void logToFile()
{
  fp = fileLogging;
}

#define BUFFER_SIZE 100
void logging(const char* module, const char* text)
{
  char buffer[BUFFER_SIZE];
  time_t mytime = time(NULL);
  if(isInList(module))
  {
    sprintf(buffer, "%s %s\n", ctime(&mytime), text);
    fp(buffer);
  }
}
```

現有的程式碼已有諸多變更，不過此時可以加入其他記錄目的端，而不會改到 logging 函式。在前述程式碼中，已實作 stdoutLogging 函式，不過還是缺了 fileLogging 函式。

檔案記錄

若要記錄至檔案中，你只需在每次記錄某個訊息時，直接開啟與關閉該檔案即可。不過這並非相當有效率的做法，若你想記錄大量資訊，這個做法會花很多時間。那麼，你還有另外的選擇嗎？你可以只開啟檔案一次，並讓檔案維持開啟狀態。但是如何知道何時打開檔案呢？又何時要把檔案關閉呢？

在檢視本書的模式之後，你沒有找到解決你問題的做法。然而，透過 Google 迅速搜尋，將會找到解決的模式：Lazy Acquisition。在首次呼叫你的 fileLogging 函式時，檔案開啟一次，並維持開啟狀態。你可以將檔案描述子（file descriptor）儲存於 Eternal Memory。

模式	摘要
Lazy Acquisition	首次使用物件或資料時，隱含對其初始化（參閱 Michael Kirchner 與 Prashant Jain 的《*Pattern-Oriented Software Architecture: Volume 3: Patterns for Resource Management*》〔Wiley，2004〕）。
Eternal Memory	將資料放在程式整個生命期間皆可供使用的記憶體中。

logger.c
```
void fileLogging(const char* buffer)
{
  static int fd = 0;  ❶
  if(fd == 0)
  {
    fd = open("log.txt", O_RDWR | O_CREAT, 0666);
  }
  write(fd, buffer, strlen(buffer));
}
```

❶ 這樣的 static 變數只會被初始化一次，而非每次呼叫函式時都被初始化。

為了讓範例程式簡單起見，就此不涉及執行緒安全。若要達到執行緒安全，程式碼得用 Mutex 保護 Lazy Acquisition，讓該獲取動作只會發生一次。

對於關閉檔案又是如何處理呢？對於某些應用程式，譬如本章的示例，選擇不關閉檔案，這是正當的做法。假設只要你的應用程式正在執行，你就要做記錄，而當你關閉應用程式時，得靠作業系統清理你那個依然呈開啟狀態的檔案。若你擔心系統當機時不會儲存相關資訊，甚至可以隨時刷新（flush）檔案內容。

跨平台檔案

到目前為止，該程式碼實作的功能是在 Linux 系統上記錄至某個檔案，但你也想在 Windows 平台上使用這個程式碼，而目前的程式碼還不能在這個平台上運作。

為了支援多個平台，首先考量 Avoid Variants，這樣針對所有平台你只要有通用的程式碼即可。直接使用 fopen、fwrite、fclose 函式（這些是在 Linux 與 Windows 兩系統上都可以使用的函式），就可以編寫檔案。

模式	摘要
Avoid Variants	使用所有平台皆可行的標準化函式。若無標準化函式，就可以考慮不要實作該功能。

然而，你想力求檔案記錄程式碼能有效率，並使用平台特定函式存取檔案會比較有效率。但如何實作平台特定的程式碼呢？讓你的程式庫有重複內容（一份 Windows 完整版的程式碼以及一份 Linux 完整版的程式碼）並不可行，原因是未來的變更及重複程式碼的維護可能會成為噩夢。

你決定在程式碼中使用 #ifdef 述句區分各個平台。但這不也是程式碼重複情況嗎？畢竟，當你的程式碼中有巨大的 #ifdef 區塊時，這些述句裡的所有程式邏輯都是重複的。如何在支援多個平台的同時還能避免程式碼重複情況呢？

這些模式再度為你指點迷津。首先，為需要平台有關函式的功能定義平台無關的介面。換句話說，定義 Abstraction Layer。

模式	摘要
Abstraction Layer	為需要平台特定程式碼的每個功能提供 API。僅在標頭檔中定義與平台無關的函式，並將所有平台特定的 #ifdef 程式碼置於實作檔中。你的函式呼叫者只引入你的標頭檔，不必引入平台特定的檔案。

logger.c

```c
void fileLogging(const char* buffer)
{
  void* fileDescriptor = initiallyOpenLogFile();
  writeLogFile(fileDescriptor, buffer);
}

/* 第一次呼叫時開啟記錄檔。
   可於 Linux 和 Windows 系統上運作。 */
void* initiallyOpenLogFile()
{
  ...
}

/* 將給定的緩衝區內容寫入記錄檔。
   可於 Linux 和 Windows 系統上運作。 */
void writeLogFile(void* fileDescriptor, const char* buffer)
{
  ...
}
```

在這個 Abstraction Layer 後面，有你程式碼變體的 Isolated Primitives。這表示你不用跨數個函式的 #ifdef 述句，而只會固定在一個函式中使用一個 #ifdef。你應該以一個 #ifdef 跨整個函式實作或只是跨平台特定部分呢？

解決方案是兩者兼具。你應該有 Atomic Primitives。這些函式的細度應該是：只有平台特定的程式碼。若不這樣做，則你可以進一步把這些函式分解。這是讓平台無關程式碼持續可管理的最佳做法。

模式	摘要
Isolated Primitives	將你的程式碼變體獨立。在你的實作檔中，將處理變體的程式碼置於個別的函式中，並從主程式邏輯中呼叫這些函式，而主程式只有與平台無關的程式碼。
Atomic Primitives	將你的基本單元原子化。每個函式就只處理一種變體。若你處理多種變體（例如，作業系統變體和硬體變體），則每個變體都有個別處理的函式。

下列程式碼是你 Atomic Primitives 的實作：

logger.c

```
void* initiallyOpenLogFile()
{
#ifdef __unix__
  static int fd = 0;
  if(fd == 0)
  {
    fd = open("log.txt", O_RDWR | O_CREAT, 0666);
  }
  return fd;
#elif defined _WIN32
  static HANDLE hFile = NULL;
  if(hFile == NULL)
  {
    hFile = CreateFile("log.txt", GENERIC_WRITE, 0, NULL,
                       CREATE_NEW, FILE_ATTRIBUTE_NORMAL, NULL);
  }
  return hFile;
#endif
}

void writeLogFile(void* fileDescriptor, const char* buffer)
{
#ifdef __unix__
  write((int)fileDescriptor, buffer, strlen(buffer));
#elif defined _WIN32
  WriteFile((HANDLE)fileDescriptor, buffer, strlen(buffer), NULL, NULL);
#endif
}
```

前述程式碼看起來不怎麼樣。但話又說回來，任何與平台有關的程式碼很少會有看起來很不錯的。為了讓人更容易閱讀與維護該程式碼，你還可以做些什麼事情呢？關於改善的部分，有可能的做法是用 Split Variant Implementations 分成個別檔案。

模式	摘要
Split Variant Implementations	將每個變體實作放入單獨實作檔中，並根據每個檔案內容選擇你想要為其對應平台編譯的內容。

fileLinux.c

```c
#ifdef __unix__
void* initiallyOpenLogFile()
{
  static int fd = 0;
  if(fd == 0)
  {
    fd = open("log.txt", O_RDWR | O_CREAT, 0666);
  }
  return fd;
}

void writeLogFile(void* fileDescriptor, const char* buffer)
{
  write((int)fileDescriptor, buffer, strlen(buffer));
}
#endif
```

fileWindows.c

```c
#ifdef _WIN32
void* initiallyOpenLogFile()
{
  static HANDLE hFile = NULL;
  if(hFile == NULL)
  {
    hFile = CreateFile("log.txt", GENERIC_WRITE, 0, NULL,
                       CREATE_NEW, FILE_ATTRIBUTE_NORMAL, NULL);
  }
  return hFile;
}

void writeLogFile(void* fileDescriptor, const char* buffer)
{
  WriteFile((HANDLE)fileDescriptor, buffer, strlen(buffer), NULL, NULL);
}
#endif
```

相較於在單一函式中混合 Linux 和 Windows 的程式碼,就此呈現出兩種程式碼檔是比較容易閱讀。此外,目前無需透過 #ifdef 述句條件編譯某平台上的程式碼,而可以刪除所有 #ifdef 述句,並使用 Makefile 選擇要編譯哪些檔案。

使用記錄器

就你記錄功能的這些最終變更來說，你的程式碼此刻可以將已設定的軟體模組的訊息記錄至 stdout 或跨平台檔案中。下列程式碼說明如何使用該記錄功能：

```
enableModule("MYMODULE");
logging("MYMODULE", "Log to stdout");
logToFile();
logging("MYMODULE", "Log to file");
logging("MYMODULE", "Log to file some more");
```

在完成這些編程決策的所有部分之後，再實作出來，你會相當坦然。讓你的手離開鍵盤，以欣賞的角度看一下這各程式碼。你會感到訝異的是，當初看似難解的一些問題是如何以模式迎刃而解的。利用這些模式的好處是，解除數以百計的自我決策負擔。

需長途車程的現場修正錯誤已成為過去式。現在你只需透過記錄檔取得所需的除錯資訊。因為你的客戶可以更快獲得錯誤修正的結果，所以這會讓他們感到開心。更重要的是，這可讓你的生活更美好。你可以提供更專業的軟體，此刻你能提早下班回家。

總結

你運用第一部分所示的模式，逐步建構記錄功能的程式碼，解決接二連三的問題。起初，對於如何組織檔案或如何做錯誤處理，你有許多相關問題。這些模式為你指點迷津，藉由這些指引讓你更容易建構這段程式碼。其中還提供程式碼內容呈現與行為表現的知識。圖 10-2 為這些模式協助你做決策的概觀。

當然，這個程式碼仍有許多潛在功能改進的空間。例如，這個程式碼不會處理記錄檔的大小上限或記錄輪替，而且不支援配置記錄層次設定（可略過相當詳細的記錄）。為了較簡單與好掌握起見，在此未涵蓋這些功能，但可以將其加入到這個範例程式中。

下一章將講述另一個案例，說明如何應用這些模式，建置另一個工業級的大型程式。

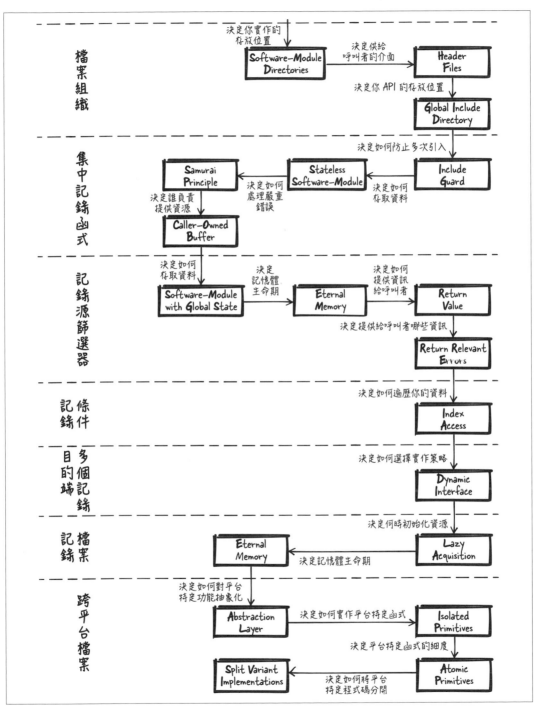

圖 10-2　本章案例運用的模式

第十一章

使用者管理系統建置

本章要講述的案例是將本書第一部分的模式運用於一個示例中。以此範例說明這些模式如何協助進行設計決策，為程式設計師帶來好處與支援。本章的示例為工業級使用者管理系統實作的抽象化呈現。

模式案例

想像你剛從大學畢業，開始在一家軟體開發公司上班。你的老闆把一份產品規格交給你，其內容為儲存使用者名稱與密碼的軟體，並要你實作該軟體。這個軟體應有的功能是，檢查使用者提供的密碼是否正確，以及建立、刪除、檢視現有使用者等功能。

你渴望向老闆表現出你是個不錯的程式設計師，但在開始進行之前，你的腦中充滿問題。你是否應該將所有程式碼寫入單一檔案中？從你的學習經驗中自知這是很糟糕的做法，但檔案的數量是多少呢？你會將哪些部分的程式碼放入同一個檔案中？你應該檢查每個函式的輸入參數嗎？你的函式是否應該回傳詳細錯誤資訊？在大學中，你學會如何建置一個可運作的軟體程式，但卻沒有學到如何編寫可維護的優質程式碼。所以你該怎麼辦？要如何起頭呢？

資料組織

若要回答上述的這些問題，先檢視本書的模式，取得如何建置優質 C 程式的指引。從儲存使用者名稱和密碼的系統部分開始。此時你的問題應該著重在如何在程式中儲存資料。你應該以全域變數儲存之嗎？你應該以一個函式裡的區域變數保存資料嗎？你應該配置動態記憶體嗎？

首先，考量你在應用程式中要解決的確切問題：不確定如何儲存使用者名稱資料。目前，該資料並不需要一直存在；只要能在執行期建置及存取此資料。此外，你不希望你的函式呼叫者必須處理資料的明確配置及初始化作業。

接著，尋找能解決這些特定問題的模式。檢視第五章關於資料生命期及擁有權的 C 模式，這些模式會處理誰負責留存哪些資料的議題。閱讀這些模式的各自問題小節，找出與這些問題非常相似及其中所述的結果是你能接受的模式。這個模式會是 Software-Module with Global State，該模式建議以檔案範疇全域變數的形式構成 Eternal Memory，而從該檔案內部存取該資料。

模式	摘要
Software-Module with Global State	有一個全域實體可讓你的相關函式共用資源。將執行實體相關作業的全部函式，放入一個標頭檔中，並將該軟體模組介面提供給呼叫者。
Eternal Memory	將資料放在程式整個生命期間皆可供使用的記憶體中。

```
#define MAX_SIZE 50
#define MAX_USERS 50

typedef struct
{
  char name[MAX_SIZE];
  char pwd[MAX_SIZE];
}USER;

static USER userList[MAX_USERS]; ❶
```

❶ userList 包含使用者的資料。可在實作檔內存取該資料。因為它被保存在靜態記憶體中，所以不需要人為配置（這會讓程式碼更有彈性，但也會變得更複雜）。

儲存密碼

在此簡化範例中，我們以明文儲存密碼。在實際應用中，千萬不要這樣做。
儲存密碼時，你應該改存明文密碼的加鹽雜湊值（*https://oreil.ly/5y7yO*）。

檔案組織

接著，定義呼叫端的介面。確保你之後可以輕易變更你的實作，而不需要呼叫者對應更改任何程式碼。現在，你必須決定你程式的哪個部分要被定義在介面中，以及哪個部分要被定義在實作檔中。

使用 Header Files 解決這個問題。介面中（.h 檔案中）盡量少放東西（只放與呼叫者相關的內容）。其餘內容皆置於你的實作檔中（.c 檔案中）。為了防止多次引入標頭檔，要實作 Include Guard。

模式	摘要
Header Files	針對要提供給使用者的功能，你會將其函式宣告放在 API 中。而將內部函式、內部資料及函式定義（實作）隱藏在實作檔中，並不會把該實作檔提供給使用者。
Include Guard	保護標頭檔的內容不會被多次引入，讓開發人員使用這些標頭檔時，就不用在意是否有多次引入的情況。使用互鎖的 #ifdef 述句或 #pragma once 述句達成所求。

user.h

```
#ifndef USER_H
#define USER_H

#define MAX_SIZE 50

#endif
```

user.c

```
#include "user.h"

#define MAX_USERS 50

typedef struct
{
  char name[MAX_SIZE];
  char pwd[MAX_SIZE];
}USER;

static USER userList[MAX_USERS];
```

此時，呼叫者可以從已定義的 MAX_SIZE 得知供給軟體模組之字串的最大長度為何。按慣例，呼叫者知道可以使用 .h 檔案中的所有內容，但不該使用 .c 檔案中的任何內容。

再來，確保你的程式碼檔案與呼叫者程式碼完全分開，避免名稱衝突。你應該將所有檔案放在一個目錄中呢；或者應該將整個程式庫中的所有 .h 檔放在一個目錄中，才能更容易引入這些檔案呢？

建立 Software-Module Directory，並將軟體模組、介面、實作中的所有檔案放在一個目錄中。

模式	摘要
Software-Module Directories	將屬於緊密耦合功能的標頭檔和實作檔放在同一個目錄中。依標頭檔所示的功能命名該目錄。

就圖 11-1 所示的目錄結構而言，此時可以輕易找到與你程式碼相關的所有檔案。現在，你不必擔心你實作檔的名稱會與其他檔案名稱發生衝突。

圖 11-1　檔案結構

身分驗證：錯誤處理

此刻是實作第一個資料存取功能的時機。首先實作一個函式，檢查指定的密碼是否符合給定的使用者先前儲存的密碼。定義這個函式的行為：在標頭檔中宣告該函式，緊接著用程式碼註解記載該行為。

此函式應讓呼叫者知道給定的使用者所提供的密碼是否正確。使用函式的 Return Value 來告知呼叫者。但你應該回傳哪些資訊呢？你應該向呼叫者提供所發生的錯誤資訊嗎？

因為與安全相關的功能，通常只提供必要的資訊而已，所以僅用 Return Relevant Errors。不要讓呼叫者知道給定的使用者是否不存在，或所提供的密碼是否不對。反而是僅告訴呼叫者身分驗證成功與否。

模式	摘要
Return Value	直接使用一個 C 語言機制提取函式呼叫所得結果的相關資訊：Return Value。C 語言的回傳資料機制會複製函式結果，並供給呼叫者，讓呼叫者可存取這個副本。
Return Relevant Errors	若錯誤資訊和呼叫者相關的話，才將該錯誤資訊回傳給呼叫者。若呼叫者可以對這個資訊有所反應，即表示該錯誤資訊與呼叫者相關。

user.h

```
/* 若給定的使用者名稱已存在以及
   針對該使用者所給定的密碼正確，則回傳 true。 */
bool authenticateUser(char* username, char* pwd);
```

此程式碼妥善定義函式回傳什麼值，但遇到無效輸入時的行為並無指明。你應該如何處理無效的輸入（例如 NULL 指標）？你應該檢查 NULL 指標或是直接忽略無效的輸入？

因為無效的輸入是使用者的程式設計錯誤，而這樣的錯誤不該被忽略，所以得要求你的使用者提供有效的輸入。根據 Samurai Principle，若遇到無效的輸入，你會終止程式執行（將此行為記載於該函式的標頭檔中）。

模式	摘要
Samurai Principle	無論結果成功與否，函式皆會回返。若有發生已知錯誤無法被處理的情況，則中止程式執行。

user.h

```
/* 若給定的使用者名稱已存在以及針對該使用者所給定的密碼正確，則回傳 true，
   否則回傳 false。若是無效的輸入（NULL 字串）則呼叫 assert。 */
bool authenticateUser(char* username, char* pwd);
```

user.c

```
bool authenticateUser(char* username, char* pwd)
{
  assert(username);
  assert(pwd);

  for(int i=0; i<MAX_USERS; i++)
  {
    if(strcmp(username, userList[i].name) == 0 &&
       strcmp(pwd, userList[i].pwd) == 0)
    {
```

```
            return true;
        }
    }
    return false;
}
```

採取 Samurai Principle，你得替呼叫者承擔責任，檢查代表無效輸入的特定回傳值。而非在遇到無效的輸入時，讓程式當掉。你選擇使用明確的 assert 述句，而不是以不受控方式讓程式當掉（例如，將無效輸入傳給 strcmp 函式），在安全關鍵應用程式的環境中，你希望程式即使在錯誤情況下，也有明定的行為。

乍看之下，讓程式當掉似乎是粗劣的解決方案，但就這種行為而言，呼叫遇到無效參數時就不會被忽略。長遠看來，該策略可讓程式碼更為可靠。這樣不會讓不易察覺的錯誤（例如無效參數）顯現，而在呼叫者程式碼的某處呈現出來。

身分驗證：錯誤記錄

接著，記錄給你錯誤密碼的呼叫者。若你的 authenticateUser 執行失敗，則用 Log Errors，讓這個資訊在之後的安全稽核可供使用。為了記錄作業，不是取用第十章的程式碼，就是實作簡易版的記錄作業，如下列所示。

模式	摘要
Log Errors	使用不同管道提供相關的錯誤資訊（「與呼叫程式碼有關的」以及「與開發者有關的」）。例如，將除錯的錯誤資訊寫入記錄檔，而不會把除錯用的詳細錯誤資訊回傳給呼叫者。

很難在各個平台上提供此記錄機制——例如在 Linux 和 Windows 平台上——原因是每個作業系統以各自的檔案存取函式。此外，多平台程式碼不易實作與維護。所以，你如何盡量簡單實作你的記錄功能呢？務必使用 Avoid Variants，並使用標準化函式（可在所有平台上使用的函式）。

模式	摘要
Avoid Variants	使用所有平台皆可行的標準化函式。若無標準化函式，就可以考慮不要實作該功能。

幸好，C 標準有定義檔案存取的函式，這些函式可用於 Windows 和 Linux 系統上。雖然以作業系統特定函式存取檔案，其效能較好，或可為你提供作業系統特定功能，但是在此不需要這些功能。只需使用 C 標準所定義的檔案存取函式即可。

為了實作記錄功能，而若提供的密碼有錯，則呼叫下列函式：

user.c
```c
static void logError(char* username)
{
  char logString[200];
  sprintf(logString, "Failed login. User:%s\n", username);
  FILE* f = fopen("logfile", "a+"); ❶
  fwrite(logString, 1, strlen(logString), f);
  fclose(f);
}
```

❶ 使用與平台無關的函式 fopen、fwrite、fclose。此程式碼可在 Windows 和 Linux 平台上運作，而且沒有令人討厭的 #ifdef 述句處理平台變體。

為了儲存記錄資訊，因為記錄訊息不大，而堆疊足以容納，所以程式碼會使用 Stack First。這對你來說也是最容易的做法，你不必處理記憶體的清理作業。

模式	摘要
Stack First	預設的情況是直接將變數置於堆疊中，以取得堆疊變數的自動清理優勢。

新增使用者：錯誤處理

觀察整個程式碼，此時你有一個函式，可檢查你串列中儲存的某使用者名稱所對應的密碼是否正確，但你的使用者串列還是空的。為了填寫你的使用者串列，要實作一個函式，可讓呼叫者新增使用者。

確保使用者名稱是唯一的，並讓呼叫者知道使用者新增作業成功與否，其中失敗的原因不是使用者名稱已存在，就是你的使用者串列已無儲存空間。

此時，針對這些錯誤情況，你得決定要如何通知呼叫者。你應該使用 Return Value 回傳此資訊，還是應該為 errno 變數設值？此外，你將提供何種資訊給呼叫者，以及將使用何種資料型別回傳該資訊？

在這種情況下，因為你有不同的錯誤情況，而且想要讓呼叫者知道這些情況，所以用 Return Status Codes。此外，在遇到無效的參數時，會中止程式執行（Samurai Principle）。在介面中定義錯誤碼，才能讓你和呼叫者互相了解錯誤碼如何對應個別的錯誤情況，使得呼叫者可以做出相關的反應。

模式	摘要
Return Status Codes	使用函式的 Return Value 回傳狀態資訊。以回傳的值表示特定狀態。被呼叫者與呼叫者雙方必須對值的含意有共同認知。

user.h

```
typedef enum{
  USER_SUCCESSFULLY_ADDED,
  USER_ALREADY_EXISTS,
  USER_ADMINISTRATION_FULL
}USER_ERROR_CODE;

/* 以指定的「username」與密碼「pwd」加入新使用者
   （若指定值為 NULL 則呼叫 assert）。
   若使用者給定的名稱已存在，則回傳 USER_SUCCESSFULLY_ADDED，
   若不再新增使用者的話，則回傳 USER_ADMINISTRATION_FULL。 */
USER_ERROR_CODE addUser(char* username, char* pwd);
```

接下來，實作 addUser 函式。檢查這個使用者是否已存在，才能新增該使用者。為了將這些任務分開，要用 Function Split，依不同的任務和職責分成個別的函式。首先，實作一個函式來檢查使用者是否已存在。

模式	摘要
Function Split	將該函式分解。取出其中看似有用的部分，為這些內容建立新函式，並呼叫此新函式。

user.c

```
static bool userExists(char* username)
{
  for(int i=0; i<MAX_USERS; i++)
  {
    if(strcmp(username, userList[i].name) == 0)
    {
      return true;
    }
```

```
  }
  return false;
}
```

此時可在新增使用者的函式內呼叫這個函式（為了僅新增尚未存在的使用者）。在你將使用者加入串列之前，是否應該在這個函式開頭先檢查現有的使用者？其中哪一個替代方案可讓你的程式碼更容易閱讀與維護？

在函式開頭實作 Guard Clause：若因為使用者已存在而無法執行動作，則該函式會立即回返。在函式開頭就檢查，可讓人更容易理解程式流程。

模式	摘要
Guard Clause	檢查是否有強制的前置條件，若不符合這些前置條件，則此函式會立即回返。

user.c

```
USER_ERROR_CODE addUser(char* username, char* pwd)
{
  assert(username);
  assert(pwd);

  if(userExists(username))
  {
    return USER_ALREADY_EXISTS;
  }

  for(int i=0; i<MAX_USERS; i++)
  {
    if(strcmp(userList[i].name, "") == 0)
    {
      strcpy(userList[i].name, username);
      strcpy(userList[i].pwd, pwd);
      return USER_SUCCESSFULLY_ADDED;
    }
  }

  return USER_ADMINISTRATION_FULL;
}
```

到目前為止的程式碼實作片段中，你可以將使用者納入你的使用者管理中，並檢查這些使用者提供的密碼是否正確。

迭代作業

接著要提供某些功能，其中會實作一個迭代器讀取所有使用者的名稱。雖然你可能只想提供一個介面，讓呼叫者可以用索引存取 userList 陣列，但若基礎資料結構變更（例如，變成鏈結串列），或呼叫者要在另一個呼叫者修改該陣列的同時存取該陣列，則這樣會有問題。

若要為呼叫者提供一個（可解決上述議題的）迭代器介面，要實作 Cursor Iterator，其中以 Handle 對呼叫者隱藏基礎資料結構。

模式	摘要
Cursor Iterator	建立一個迭代器實體，用於索引基礎資料結構中的元素。迭代函式以此迭代器實體作為引數，提取迭代器目前所指的元素，並調整該迭代實體指到下一個元素。而使用者反覆呼叫這個函式，一次提取一個元素。
Handle	會有個函式用於建立供呼叫者作業的環境，並回傳該環境內部資料的抽象指標。呼叫者需要將該指標傳給你的所有功能函式，才可以使用內部資料儲存狀態資訊和資源。

user.h

```
typedef struct ITERATOR* ITERATOR;

/* 建立迭代器實體。有錯時回傳 NULL。 */
ITERATOR createIterator();

/* 從迭代器實體提取下一個元素。 */
char* getNextElement(ITERATOR iterator);

/* 銷毀迭代器實體。 */
void destroyIterator(ITERATOR iterator);
```

呼叫者已完全掌控何時建立及銷毀該迭代器。因此，你具備 Dedicated Ownership 與 Caller-Owned Instance。呼叫者可以直接建立該迭代器的 Handle，並用它存取使用者名稱串列。若建立失敗，則用 Special Return Value——NULL 表示之。採用 Special Return Value，而不是明確的錯誤碼，因為不需要其他函式參數回傳錯誤資訊，所以能更容易使用這個函式。當呼叫程式完成迭代作業時，呼叫者會銷毀該 Handle。

模式	摘要
Dedicated Ownership	當你實作記憶體配置時，可以明確定義和記載待清理之處以及負責該作業的執行者。
Caller-Owned Instance	需要呼叫者傳遞實體（用於儲存資源和狀態資訊的實體）給你的函式。提供明確的函式，用於建立及銷毀這些實體，讓呼叫者可以決定實體的生命期。
Special Return Values	使用函式的 Return Value 回傳函式算出的資料。保留一個或多個特殊值，以供發生錯誤時對應回傳之用。

由於該介面為呼叫者提供明確函式來建立和銷毀迭代器，所以對於實作中的迭代器資源初始化與清理作業來說，理所當然會造就個別的函式處理之。此 Object-Based Error Handling 帶來的好處是妥善劃分你的函式職責，因而在必要時可更容易擴充這些函式。你可以在下列程式碼中看到這樣的分隔，其中所有初始化程式碼都放在同一個函式中，且所有清理程式碼都擺在另一個函式中。

模式	摘要
Object-Based Error Handling	將初始化與清理作業置於個別的函式中，類似於物件導向程式設計中建構式與解構式的概念。

user.c

```
struct ITERATOR
{
  int currentPosition;
  char currentElement[MAX_SIZE];
};

ITERATOR createIterator()
{
  ITERATOR iterator = (ITERATOR) calloc(sizeof(struct ITERATOR),1);
  return iterator;
}

char* getNextElement(ITERATOR iterator)
{
  if(iterator->currentPosition < MAX_USERS)
  {
    strcpy(iterator->currentElement,userList[iterator->currentPosition].name);
    iterator->currentPosition++;
  }
```

```
  else
  {
    strcpy(iterator->currentElement, "");
  }
  return iterator->currentElement;
}

void destroyIterator(ITERATOR iterator)
{
  free(iterator);
}
```

實作前述的程式碼時,你應該如何提供使用者名稱資料給呼叫者?你應該直接提供該資料的指標給呼叫者嗎?若你將該資料複製到緩衝區中,那誰應該配置這個緩衝區?

就此情況下,用 Callee Allocates 處理該字串緩衝區。如此讓呼叫者能夠完全存取該字串,又沒有機會動到 userList 中的資料。此外,呼叫者避免存取可能同時會被其他呼叫者變更的資料。

模式	摘要
Callee Allocates	在被呼叫的函式(提供大型、複雜資料的函式)內,配置需求尺寸的緩衝區。將所需的資料複製到緩衝區,並回傳該緩衝區的指標。

運用使用者管理系統

此刻你已完成使用者管理程式碼。下列是該使用者管理系統的運用程式碼:

```
char* element;
addUser("A", "pass");
addUser("B", "pass");
addUser("C", "pass");

ITERATOR it = createIterator();

while(true)
{
  element = getNextElement(it);
  if(strcmp(element, "") == 0)
  {
    break;
  }

  printf("User: %s ", element);
```

```
    printf("Authentication success? %d\n", authenticateUser(element, "pass"));
}

destroyIterator(it);
```

本章從頭到尾，透過這些模式協助你設計出最後這段程式碼。此刻，你可以告訴老闆，你已完成任務，實作需求的系統，用於儲存使用者名稱和密碼。對該系統採用基於模式的設計，你仰賴的是被證明可行而經記載的解決方案。

總結

在本章中，你運用第一部分所示的模式，逐步建構出程式碼，解決接二連三的問題。起初，對於如何組織檔案或如何做錯誤處理，你有許多相關問題。這些模式為你指點迷津，藉由這些指引讓你更容易建構這段程式碼。其中還提供程式碼內容呈現與行為表現的知識。在這一章中，你運用了圖 11-2 所示的模式。該圖中，可以看到你得做多少個的決策，以及有多少個決策是由這些模式協助指引的。

在此建構的使用者管理系統有新增使用者、尋找使用者、使用者身分驗證的基本功能。另外，該系統還可以加入其他諸多功能，如更改密碼，不得以明文儲存密碼，或檢查密碼是否符合某些安全準則等功能。為了讓模式的應用程式易於掌握，本章未涉及這些進階功能。

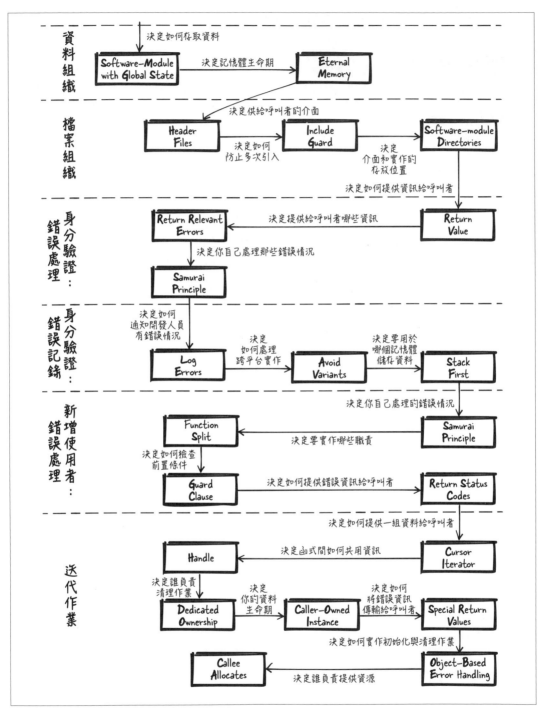

圖 11-2　本章案例運用的模式

第十二章

結論

全書所學

讀完本書後，即可了解數個 C 程式設計進階概念。當你檢視大型範例程式時，會知道為什麼程式碼看起來如此。你現在知道程式碼中所做的設計決策背後的道理。例如，本書前言中所示的乙太網路驅動範例程式中，你如今就能明白為何有明確的 `driverCreate` 方法，以及為何有個 `DRIVER_HANDLE` 用於留存狀態資訊。第一部分的模式為這個範例及本書論述的其他示例中所做的決策提供指引。

第二部分的模式案例呈現出本書模式運用的好處，以及如何透過模式的應用逐步擴充程式碼。當你面對後續的 C 程式設計問題時，回頭檢視這些模式的問題小節，確認其中是否有模式與你的問題相似。在這種情況下，實屬幸運，即這樣你就可以從該模式提供的指引中受益。

深究

本書協助 C 程式設計新手成為進階的 C 程式設計師。下列是特別幫助我提升 C 程式設計技能的一些書籍：

- Robert C. Martin 在《*Clean Code: A Handbook of Agile Software Craftsmanship*》（Prentice Hall，2008）一書中論述（恆久的）高品質程式碼實作的基本原則。對於所有程式設計師而言，這是不錯的讀物，其中涵蓋測試、文件說明、程式碼風格等主題。

- James W. Grenning 在《*Test-Driven Development for Embedded C*》（Pragmatic Bookshelf，2011）一書中使用示例，說明如何在硬體相關的程式環境中以 C 實作單元測試。

- Peter van der Linden 的《*Expert C Programming*》（Pendice Hall，1994）是早期出版的 C 程式設計進階指引。其中詳細描述 C 語法如何運作，以及如何避免落入常見的陷阱。還有探討一些概念，如 C 記憶體管理，並說明連結器如何運作。

- 與本書密切相關的是 Adam Tornhill 所著的《*Patterns in C*》（Leanpub，2014）這本書。該書也是模式論述著作，並將重點擺在如何用 C 實作四人幫的設計模式。

結語

相較於剛學完 C 的程式設計師，你現在對使用哪些技術撰寫工業級的大型 C 程式應已具備進階的知識。此時你可以：

- 執行錯誤處理，即使沒有異常處理機制，也無妨。

- 管理你的記憶體，即使沒有垃圾回收器，以及無解構式可清理記憶體，也沒差。

- 實作有彈性的介面，即使沒有原生的抽象機制，也可行。

- 將檔案和程式碼結構化，即使沒有類別或套件，也可為。

此刻你能夠對 C 語言運用自如，儘管 C 缺乏現代程式語言的一些便利性質，也沒關係。

索引

關於作者

Christopher Preschern 在 ABB 公司擔任 C 程式設計師，具有蒐集與記載編寫工業級程式的實務知識，發起設計模式會議及提倡改善模式寫作。他擁有電腦科學（資訊科學）博士學位，曾在格拉茨科技大學講授編程與品質課程。

出版記事

本書封面上的動物是米契爾少校鳳頭鸚鵡（學名為 *Lophochroa leadbeateri*），英文名為 Mitchell's cockatoo、Leadbeater's cockatoo 或 pink cockatoo。這種中型鸚鵡以澳洲東南部的測量師兼探險家湯瑪士米契爾（Thomas Mitchell）少校命名。牠是澳洲乾旱地區和半乾旱地區的鳥類，喜歡在林木區覓食種子。其羽毛主要是白色和淡鮭紅色，翅膀下方是較深的粉紅色，羽冠則為鮮紅色、黃色和白色。雄鳥和雌鳥看起來幾乎雷同，雄鳥體型通常略大一點，有褐色眼睛，而雌鳥的眼睛則為紅褐色，羽冠上的黃色條紋也比較寬。

米契爾少校鳳頭鸚鵡是很受歡迎的寵物，然而牠們是相當社會化的鳥類，需要主人的大量關注。而在野外環境中，牠們成對築巢，需要的活動範圍較大，因此棲息地容易受到影響而呈碎片化。儘管牠們被認為是無危物種，但隨著林地的消失，牠們的數量已有下降的趨勢，也遭受到寵物買賣的非法捕捉威脅。O'Reilly 書籍封面上的許多動物都面臨瀕臨絕種的危機，牠們都是這個世界重要的一份子。

封面插圖是由 Karen Montgomery 根據《*Cassell's Natural History*》的黑白版畫描繪而成。

流暢的 C｜設計原則、實踐和模式化

作　　者：Christopher Preschern
譯　　者：陳仁和
企劃編輯：蔡彤孟
文字編輯：王雅雯
設計裝幀：陶相騰
發 行 人：廖文良

發 行 所：碁峰資訊股份有限公司
地　　址：台北市南港區三重路 66 號 7 樓之 6
電　　話：(02)2788-2408
傳　　真：(02)8192-4433
網　　站：www.gotop.com.tw
書　　號：A732
版　　次：2023 年 07 月初版
建議售價：NT$680

國家圖書館出版品預行編目資料

流暢的 C：設計原則、實踐和模式 / Christopher Preschern 原
　著；陳仁和譯. -- 初版. -- 臺北市：碁峰資訊，2023.07
　　面；　　公分
　譯自：Fluent C: principles, practices, and patterns.
　ISBN 978-626-324-579-2(平裝)
　1.CST：C(電腦程式語言)
312.32C　　　　　　　　　　　　　　　　　112011349